The principle to find a perfect pair of shoes for you

人気シューフィッターの法則は

つま先診断×足元コーデ＝似合う靴

似合う靴の
法則で
もっと美人に
なっちゃった!

結婚おめでとう!
おめでただって? びっくりしたよ~
ありがとう~
こずえドレス似合ってるわ
こずえ
事務職 OL
レナ
おめでた婚の友人
いいな~ 私も結婚したい
その前に彼氏か…
こんにちは
新婦のお友達ですか?
はっ
チャーンス
キラッ
しかし10分後…
へ~同級生なんだ~
ワイ
ウフフ
どうしたの?
ワイ
プルプル
ごめんなさい ちょっと…
オホホ
よたよた
大丈夫?

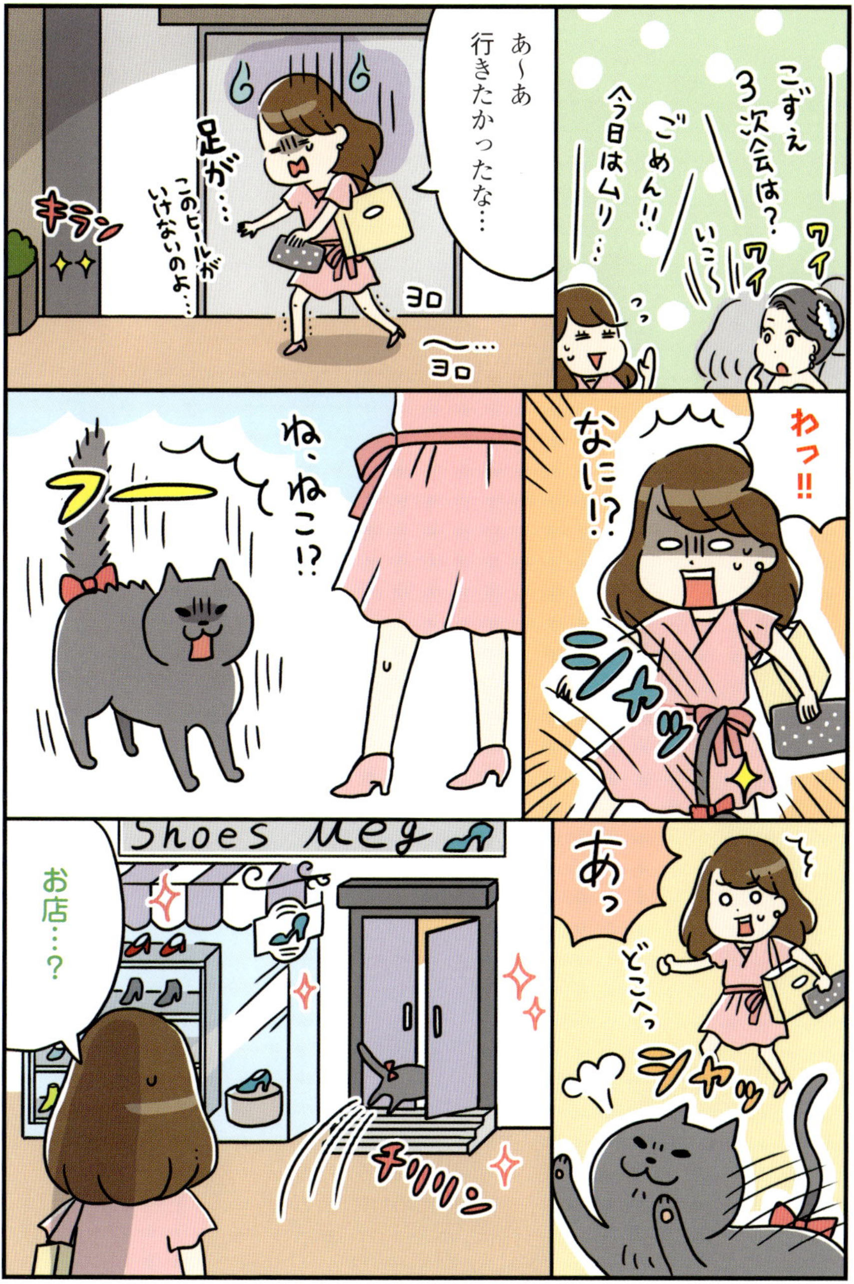
こずえ
3次会は？
ワイワイ
いこ～
ごめん!!
今日はムリ…
っ
あ～あ
行きたかったな…
足が…
このヒールがいけないのよ…
ヨロ
ヨロ
キラン
わっ!!
なに!?
シャッ
ね、ねこ!?
フー
あっ
どこへっ
シャッ
お店…？
Shoes Meg
チリリン

ガチャ..
そろ〜…
いらっしゃいませ〜
キラ
キラ
わ〜
メグさん
靴店オーナー
ボリス
看板猫
あらあら、どうしたの？
実は足が痛くて…
ヨロ
ヨロ
ちょっと見せて
あら〜これは痛そうね
ヒールを履くといつもこうなんです
うう…
ちょっとここに座って
バババ
えっ
えっ
スッ
これを履いてごらんなさい
わ〜

!
そっ…
わぁ すごーい!
うそーっ
履きやすい!!
これなら何時間でも履けそう!
これって魔法の靴?
あぁ、気分はシンデレラ…
シャラララーン
この方は魔女?
ウフフ
それは普通の靴よ♡
フフ おもしろい子ね
口に出てました!?
はっ
カァァ
ヘンなヤツ
ぴったりの靴を履けば
もっと美人になれるわよ!
ホント!?

01 / SHOE FITTING

正しい靴の選び方

02 / FASHION
靴とファッション

03 / CARE

靴と足のお手入れ

疲れ&むくみ解消！　美脚を作るセルフケア

アーチの崩れで起こる足のトラブルに注意　132

付録　足長・足囲測定シート

CHARACTER

登場人物紹介

こずえ（29）

おしゃれが好きな事務職OL。おしゃれな靴は痛いのを我慢して履くものだと思っている。

リサ（25）

こずえの通っているヘアサロンの美容師さん。立ちっぱなしでも疲れないラクな靴が欲しい。

涼子（27）

元気で明るい、こずえの会社の営業職OL。パンプスダッシュで出勤することで有名。走れるパンプスを探している。

レナ（29）

こずえの同級生。「似合う服」を知ってからモテモテに。子どもができて、ハイヒールを履く機会が減ったのが悩み。

メグさん（ヒミツ）

こずえが偶然見つけたシューズショップのオーナー。似合う靴の選び方を教えてくれる、靴とおしゃれの先生的存在。

ボリス

メグさんの飼っている猫。合わない靴を履いている人を見つける能力があり、見つけると威嚇する。

第1章

正しい靴の選び方

つま先診断で自分の足のタイプを知れば、誰でも足にぴったりの靴が選べるようになります。足に合った靴を履くと、スタイルアップし、美人度が上がります。

SHOE FITTING

こんにちは～
リサ
美容師
わっ
今日はどんな感じに…
何事!?
いつもと同じで♡
よろしく♥
シャッ
新しい靴?ステキ!!
ふふ♪魔女の店で
ぴったりだから履いてても疲れにくいの～
え～
疲れにくい靴っていいですね
私も悩んでて
自分に合う靴だと…
肩こりがなくなる
ピン
姿勢がよくなる
へ～
今度は靴の選び方も教えてもらうんだ
エヘ
いいな～っ
私も連れてってください!!

後日
よっ
ここだよ〜
あ、ボリス
ステキなお店〜
わっ
なに!?
こら、ボリス
おやめなさい
フーッ
スタッ
ごめんなさいね
この子、合わない靴を
履いている人を
見るとこうなの
ボリスは魔女の使い魔だったのか…
コラッ
え?
この人が魔女の
メグさんかぁ…
……
じ〜
ずいぶん
大きな靴を
履いているのね
大きい方がラク
だと思って
大きいと
足が前に
すべって
指が痛くなる
のよ
ぎゃ〜
イタイ〜
たしかに…

間違いだらけの靴選び
これも全部NGよ
●幅広がいい
●軽いのがいい
●柔らかくて伸びるのがいい
ええーっ!?
そ…そんな…
ずっとそう思ってた～…
ガーン
いろいろ間違えてた…
靴選びって難しい…
大丈夫よ 一緒に選びながら覚えていきましょ
いつもどんなふうに選んでるの?
えっと…
①デザインを選ぶ
かわいい～
②サイズを出してもらう
23.5cm くださ～い
③履いて全身チェック
いいかも～
です!

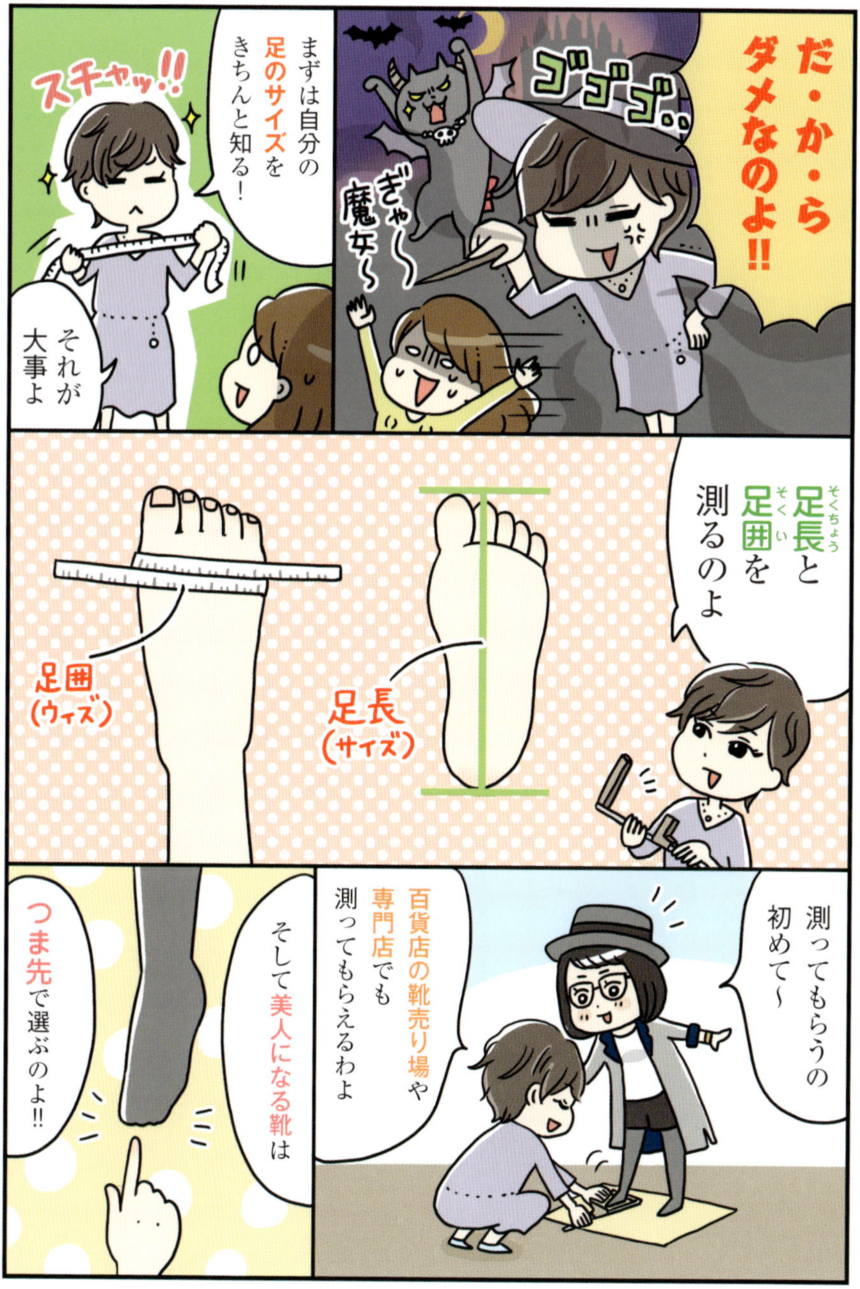
だ・か・らダメなのよ!!
ゴゴゴ‥
ぎゃ〜魔女〜
スチャッ!!
まずは自分の足のサイズをきちんと知る！
それが大事よ
足長《そくちょう》と足囲《そくい》を測るのよ
足囲（ウィズ）
足長（サイズ）
測ってもらうの初めて〜
百貨店の靴売り場や専門店でも測ってもらえるわよ
そして美人になる靴は
つま先で選ぶのよ!!

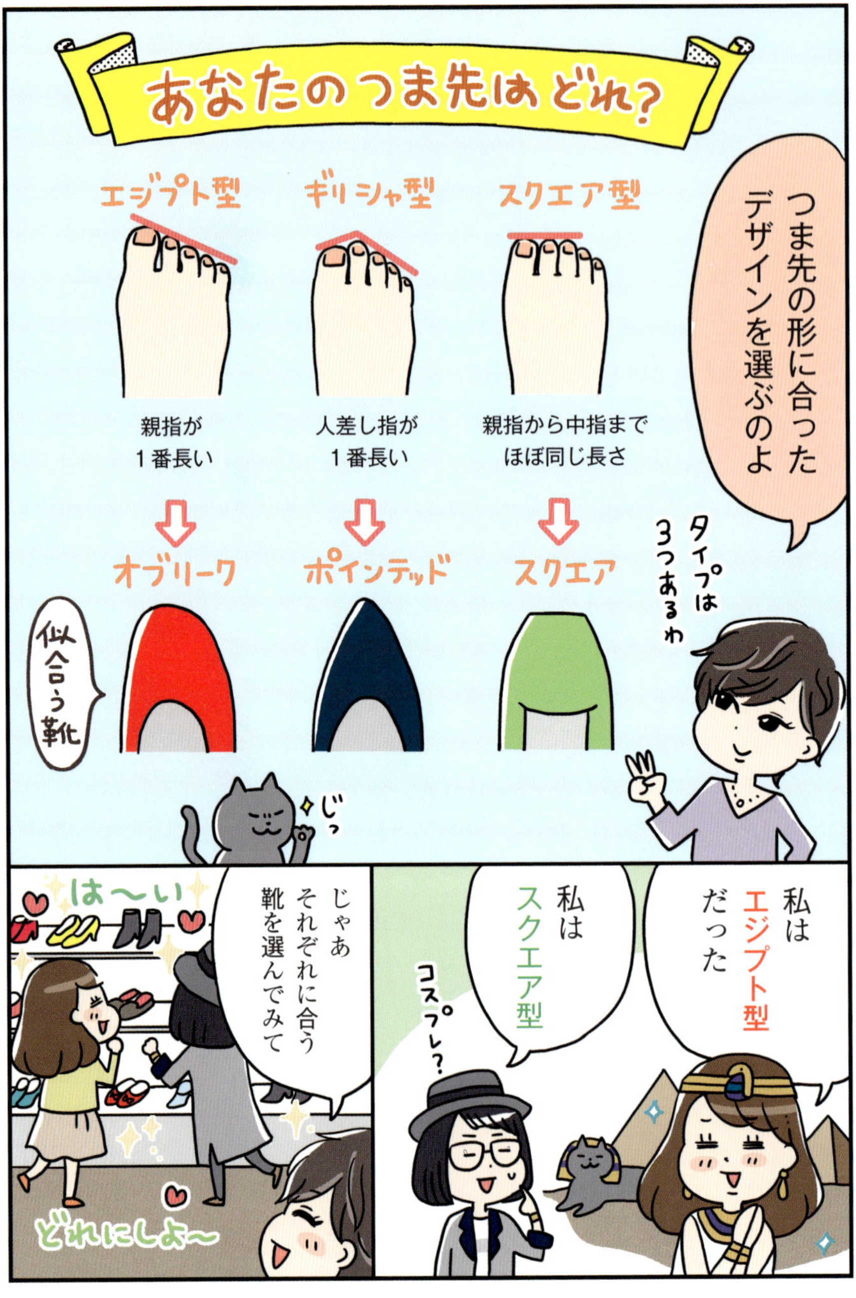

あなたのつま先はどれ?
つま先の形に合ったデザインを選ぶのよ
タイプは3つあるわ
エジプト型
親指が1番長い
オブリーク
ギリシャ型
人差し指が1番長い
ポインテッド
スクエア型
親指から中指までほぼ同じ長さ
スクエア
似合う靴
じっ
私はエジプト型だった
私はスクエア型
コスプレ?
じゃあそれぞれに合う靴を選んでみて
は〜い
どれにしよ〜

選んでみました!!
形はOKね
じゃあこれの23・5を…
どんっ
えっ
前後のサイズも履き比べるといいわよ
23.0
23.5
24.0
メーカーやデザインによって同じ23・5でも大きさが違うから
履き比べて一番ぴったりするものを選んでね
これがいいかも!
ぴったり
わ〜いいな〜
私もあんな靴履きたいけど…
スクエア型だからムリ?
そういう時は履く時間を短くすればOK
仕事中はスクエアの靴に履き替えるとかね
あれもこれもぴったり〜
ありがとうございました〜
ウフフ
アハハ
こずえさんそんなに!?

美人への近道は
ぴったりの靴を履くこと

似合う靴が選べると美人になれる!?

靴は、デザインやサイズ、素材など選ぶポイントがたくさんあります。靴をお店で買う時、「歩くと痛くなるかもしれないけど、デザインがかわいいから」「あまり好きなテイストじゃないけど、自分に合うサイズはこれしかないから」と、どこか妥協したり、我慢することはありませんか?

そうして選んだ靴は、すぐに痛くなって、長時間履けなかったり、ファッションと合わなくてイマイチな気分になることも。それだけでなく、合わない靴を長く履いていると、外反母趾やタコ、ウオノメなどの足のトラブルや、ひざや腰、首などの痛みを引き起こす可能性もあります。

一方、自分にぴったりの靴を選べば、足トラブルや不調を予防することができます。さらにスタイルが良くなるなど、美容効果や美脚効果にも期待大。まさに足元から美人になることができるのです。

誰にでも魅力を引き出すぴったりな靴がある

ぴったりな靴が選べるようになると、足元からおしゃれを楽しむ健康的な美人に変身できます。選び方をマスターすれば、履かないまま下駄箱の肥やしになる靴をムダ買いすることもありません。

ぴったりの靴を履くと

足に合う靴を履くと、背筋が伸びて歩く姿勢が良くなります。周りに与える印象が良くなり、ヒップアップや脚が引き締まるなど、美脚効果も期待できます。

ぴったりの靴を履くと……

・脚の形がきれいになる
・ヒップアップし、スタイルが良くなる
・外反母趾やウオノメなど、足のトラブルが緩和される
・ひざ、腰、首などの痛みが改善する

合わない靴だと……

歩く姿勢が悪くなり、ひざや腰、首などが慢性的に痛むことも

間違いだらけの靴選び

あなたの靴の選び方は大丈夫？

自分にぴったりの一足を見つけるには、間違った思い込みを解くことが大切。「外反母趾には幅広の靴がいい」などといった、靴選びの定説は間違っているものも多いのです。

①「幅広の靴がいい」はウソ

幅が広すぎてゆるい靴は、足トラブルの原因といわれる開張足《かいちょうそく》（↓P135）になる可能性があります。また、幅広の靴でも、足の指のつけ根の部分だけが広くて、つま先は細いものだと、足を変形させてしまったり、タコやウオノメの原因にも。大事なのは、つま先までぴったり合った靴を選ぶことです。実際は足幅が細いのに、「自分は幅広の足だ」と思い込んでいる人も多いので、採寸して正しい足幅を知りましょう。

必要以上に幅広の靴を履き続けると
外反母趾の原因に

②「柔らかくて伸びる靴が足に優しい」はウソ

柔らかい靴は、足の位置が安定しずら

いので、歩くとすぐに疲れてしまい、足を痛める原因に。適度に硬い靴は足をしっかり支え、足の変形を防いでくれます。しかし、柔らかく伸びやすい靴だと、足が変形しやすく外反母趾などのトラブルのもとになります。

③「軽い靴がいい」はウソ

軽さが売りの靴は、強度が劣る場合が多く、歩いた時の衝撃を十分に吸収しないので足が疲れやすくなります。耐久性があり、機能的な靴は多少の重みがありますが、足に合っていれば重いとは感じません。歩いている時に振り子のような働きをするので、歩きやすさをもたらしてくれます。

④「履きやすい靴がいい」はウソ

足が入れやすくスッと履ける靴は、便利そうに思えますが、大きすぎて脱げやすい靴でもあります。こういった靴で歩くと、脱げないようにつま先で靴を引っかけて歩くため、足に余分な力が入り、疲れやすくなります。

靴べらを使った方が
履きやすいくらいの靴が◎

「同じサイズなら、どのメーカーの靴も同じ大きさ」と思っていたら大間違い。正しい「靴の常識」を知り、靴を上手に選びましょう。

足の長さだけなく幅も重要！

日本の靴サイズはJIS（日本工業規格）にもとづいて寸法を表示するようになっていて、足長《そくちょう》（足の長さ）と足囲《そくい》（足の太さ）で表します。足長はcm、足囲はA～Fのアルファベットで表示されています。

同じ表記でもメーカーやデザインで大きさが違う

メーカーは独自に木型を作っているので、同じ「23.5E」でもメーカーによって大きさに多少の差があります。

同じメーカーでも、デザインで大きさが異なることもあります。

SML表記には サイズの規定がない

JIS表記でなく、SML表記の靴もあります。これには規定がないので、何が何センチなのかは製造元によって異なります。

23cm表記の場合

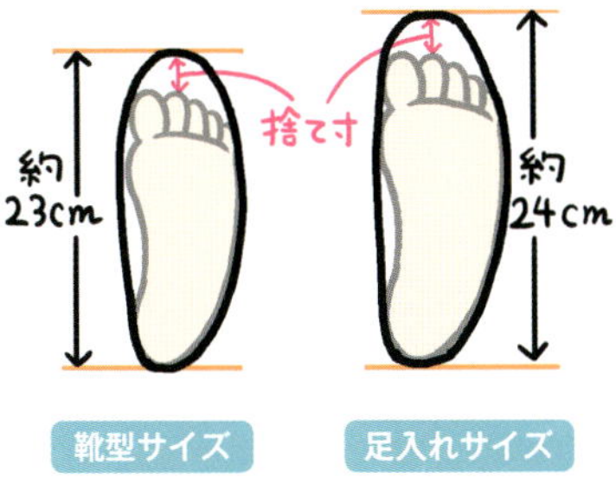

足入れサイズと 靴型サイズがある

欧米は靴の大きさそのものを指す「靴型サイズ」が一般的。一方日本は捨て寸を踏まえた「足入れサイズ」を使っているため、同じサイズ表記でも、実際の靴の大きさが異なります。

捨て寸とはつま先にある10mmほどの余裕のことです。

国によってサイズ表記や 単位、ピッチが違う

外国の靴は、日本のJIS規格とは基準が違い、サイズの表記もまちまちです。

正しい足のサイズを知っていますか？

自分の足のサイズを知ることが似合う靴への第一歩

自分にぴったりの靴を探すのに一番大切なのは、自分の足のサイズに合うものを選ぶこと。靴はデザインや色、素材などが気に入って購入しても、足に合わなければ、履きこなすことができません。

ぴったりな靴を見つけるために、まずは、自分の足のサイズを正しく測ることから始めましょう。改めて測ってみると、今までこうだと思っていたサイズとは違うことも多いのです。自分に合う靴とめぐり合うために、自分の足のサイズを測ることから始めましょう。

幅広甲高は思い込み？自分サイズをきちんと知ろう

日本では靴のサイズは、足の長さ（足長）と足の太さ（足囲）で決まります。足長はなんとなくわかっていても、足囲は知らないという人が多いのでは。また、日本人は「幅広甲高」だといわれているから自分もそうだと思い込んでいると、ぴったりの靴を選ぶことができません。

足長や足囲は、家庭でも測ることができます。測ったら、これらのサイズをもとに、自分足囲がA～Fのどれになるかを29ページの表で確認しましょう。これがわかると、自分に合う靴を探しやすくなります。

測ってみよう①足長

足長は、まっすぐに立ち、左右に均等に体重をかけた状態で測ります。1人で正確に測るのは難しいので、誰かに手伝ってもらいましょう。

用意するもの

白い紙・鉛筆・定規
※付録の足長測定シートを使うと便利です

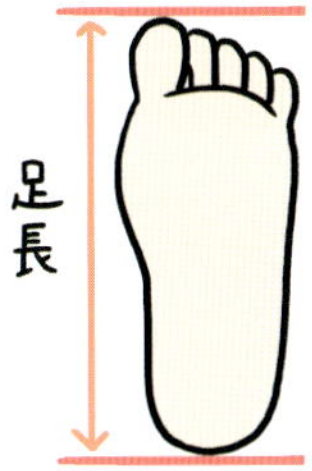
足長

足長は、足の先端とかかとを垂直に結んだ長さです

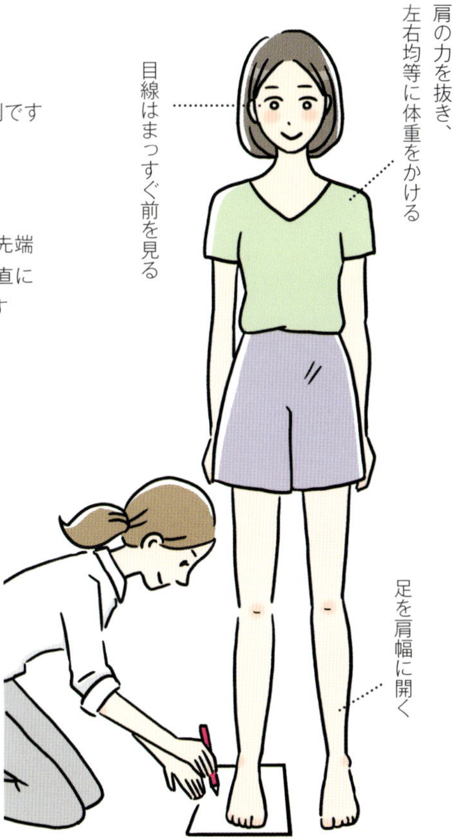
目線はまっすぐ前を見る
肩の力を抜き、左右均等に体重をかける
足を肩幅に開く

測り方

①白い紙の上に、両足を開いて立ちます。

②足のまわりを鉛筆でなぞってもらいます。鉛筆は紙に対して垂直に立てるのがコツ。

③足型をとった紙で、足長を測ります。

左右で足長が違う人もいます。その場合は、大きい方の足を基準に靴を選び、小さい方は靴にインソール（中敷き）を入れて調整しましょう。

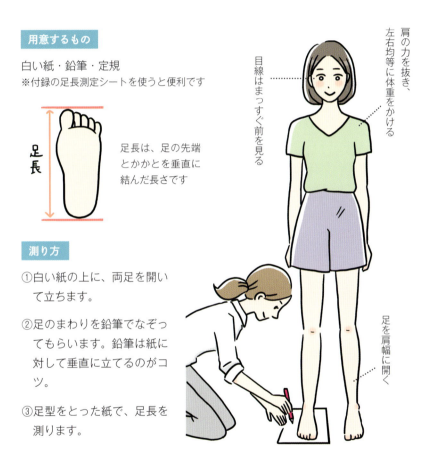

測ってみよう②足囲

日本女性の足囲は、若い年代では細くなっているといわれています。自分は幅広だと思い込まず、実際に測ってサイズを確認しましょう。

用意するもの

ペン・メジャー

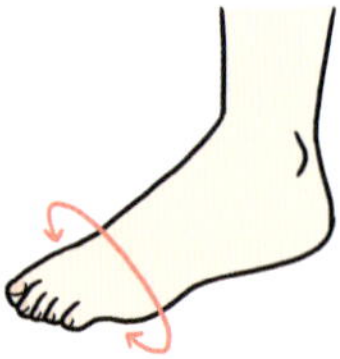

足囲は足の親指側と小指側の出っ張った場所を通って１周させた長さです

測り方

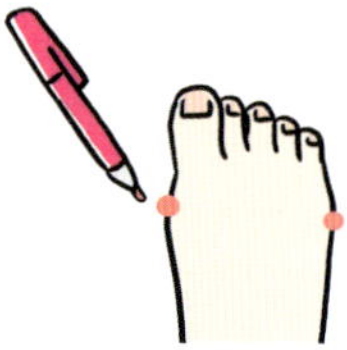

①親指側と小指側の出っ張った場所に、ペンなどで印をつけます。

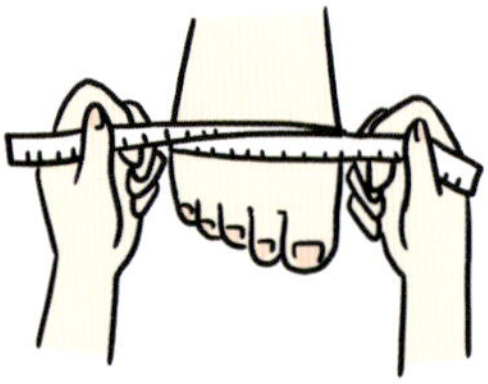

②メジャーを足の下に置き、つけた印が通るように確認しながらひと巻きし、サイズを測ります。

足長の測定と同じように、体重は左右均等にかけます

足も体と同じように太ったり、痩せたりします。体重が変化したなと思ったら、足のサイズを測定しましょう。

足囲の表記を確認しよう

下の表で足囲がどれになるかチェックしましょう。足長が 23cm で足囲が 226mm の人の場合、足囲の表記は E になります。

足長 (cm)	足囲 (mm)								
	A	B	C	D	E	EE	EEE	EEEE	F
19.5	183	189	195	201	207	213	219	225	231
20	186	192	198	204	210	216	222	228	234
20.5	189	195	201	207	213	219	225	231	237
21	192	198	204	210	216	222	228	234	240
21.5	195	201	207	213	219	225	231	237	243
22	198	204	210	216	222	228	234	240	246
22.5	201	207	213	219	225	231	237	243	249
23	204	210	216	222	228	234	240	246	252
23.5	207	213	219	225	231	237	243	249	255
24	210	216	222	228	234	240	246	252	258
24.5	213	219	225	231	237	243	249	255	261
25	216	222	228	234	240	246	252	258	264
25.5	219	225	231	237	243	249	255	261	267
26	222	228	234	240	246	252	258	264	270
26.5	225	231	237	243	249	255	261	267	273
27	228	234	240	246	252	258	264	270	276

※ JIS（日本工業規格）靴のサイズ女性用をもとに作成

あなたの足のサイズは…

左
足長：(　　　) cm
足囲：(　　　) cm

右
足長：(　　　) cm
足囲：(　　　) cm

タイプ別
足の形と靴の選び方

足の形は3タイプある

自分の足の特徴を知ることが、ぴったり合う靴を選ぶ近道です。足の形は、大きく分けて3タイプあります。

親指が1番長く、小指にかけてだんだん短くなっていく「エジプト型」、人差し指が1番長く、山のような形の「ギリシャ型」、親指と人差し指と中指がほぼ同じ長さの「スクエア型」です。

自分がどのタイプに当てはまるかは、どの指が1番長いかで判断しましょう。足の指が縮こまっていると足の形がわかりにくいので、指を伸ばした状態でチェックしましょう。

足タイプ別、似合う靴は つま先のデザインがカギ

自分のタイプに合う靴かどうかは、つま先のデザインがカギになります。靴を選ぶ時は、表側のデザインしか気にしないものですが、靴の裏側をチェックすると、つま先のデザインがよくわかります。

「エジプト型」に合う靴は親指側に余裕がある靴。「ギリシャ型」に合う靴は、人差し指や中指の部分が1番長くなっている靴。「スクエア型」はつま先がゆったりしていて幅に余裕がある靴がおすすめ。靴を選ぶ時は、見た目のデザインだけでなく、つま先のデザインもチェックするようにしましょう。

あなたはどのタイプ？

足のタイプによって似合う靴も変わります。自分の足の形を確認し、どのタイプかを知りましょう。

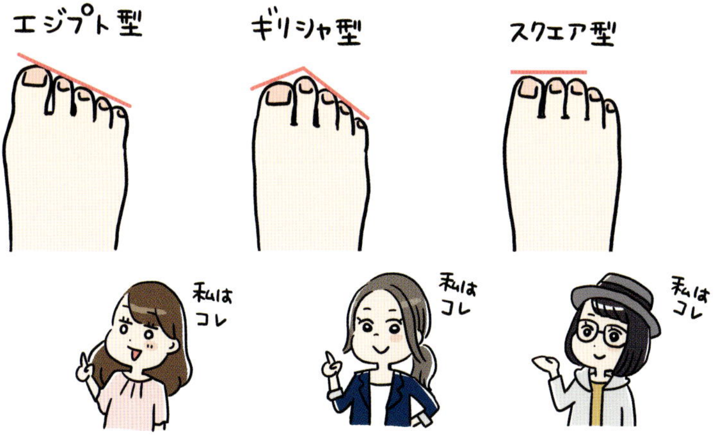

エジプト型（→ P32 ~）

日本人に最も多いタイプで、親指が 1 番長く、小指にかけて短くなっていきます。靴先のカーブが親指側に傾いている靴を選ぶのがおすすめです。

ギリシャ型（→ P34 ~）

人差し指が 1 番長いタイプ。途中に山ができるような形なので、人差し指と中指の部分が 1 番長くなっている靴が向いています。

スクエア型（→ P36 ~）

親指と人差し指と中指がほぼ同じ長さという、珍しいタイプ。薬指や小指が靴先に当たって痛みがちなので、つま先に余裕がある靴を選んで。

エジプト型に合う靴

親指側に余裕があり ゆるやかなカーブの靴が合う

親指側からゆるやかにカーブを描く「オブリークトウ」の靴がおすすめ。他に、つま先の丸い「ラウンドトウ」、先はとがっているけれど幅がある「アーモンドトウ」、カーブがスクエア気味な「ソフトスクエアトウ」なども合います。ただし、小指に余裕がないデザインも多いので、小指が長い人は圧迫されないものを選ぶようにしましょう。

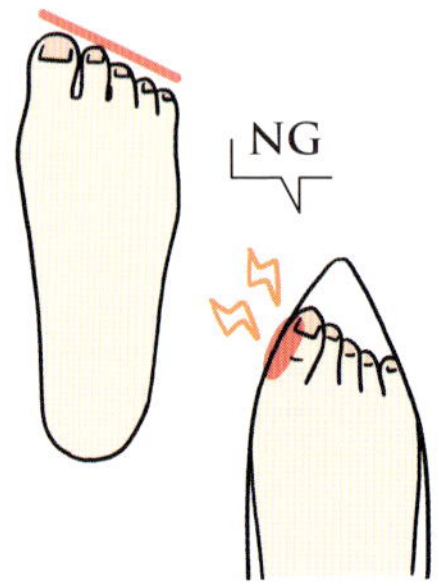

親指が１番長いのが特徴。先のとがった「ポインテッドトウ」だと、親指が圧迫されて外反母趾の原因になります

オブリークトウ

ラウンドトウとよく似ていますが、親指側にカーブの頂点があるのが特徴。親指が１番長くなっているのでエジプト型の足にぴったり。

ラウンドトウは女性らしいデザイン、定番の形で、服にも合わせやすいのが魅力

ラウンドトウ

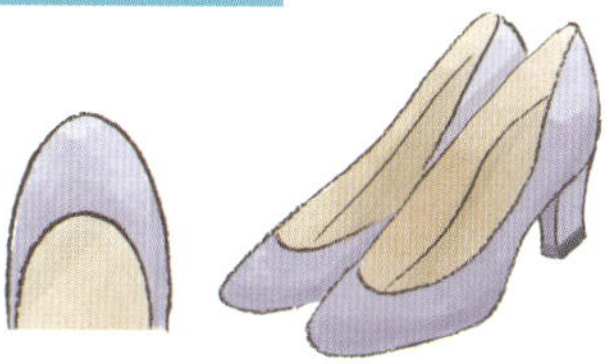

つま先がなだらかな曲線で、丸みのある形状をしています。流行に左右されない定番のデザイン。

アーモンドトウ

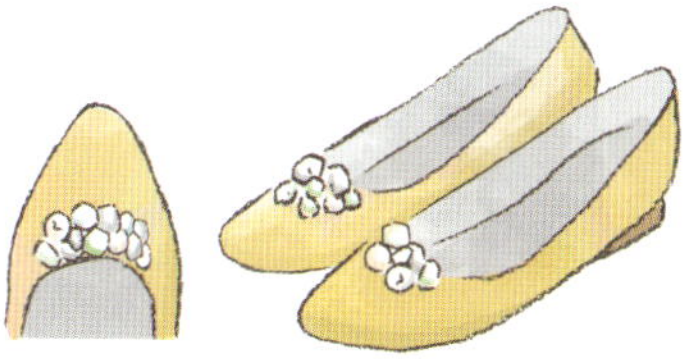

つま先がアーモンドのような形の靴。ファッション性を意識したものが多い。

ソフトスクエアトウ

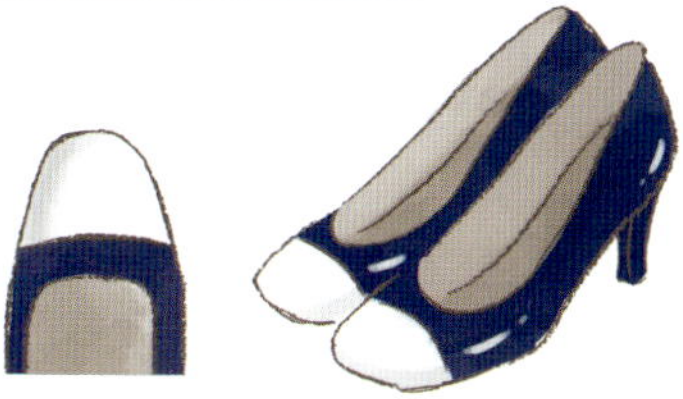

つま先が角ばっているスクエアトウとラウンドトウとの中間的なデザイン。トラッドな印象を与えます。

ギリシャ型に合う靴

デザインが選びやすい
オールマイティーなタイプ

ほとんどの形の靴が負担なく履くことができ、エジプト型やスクエア型が合わせにくい「ポインテッドトウ」も快適に履けるタイプです。

合わせにくいのは、親指側が長い「オブリークトウ」。履くと人差し指が押されて曲がってしまうこともあります。カーブの頂点が人差し指や中指にあるデザインを選びましょう。

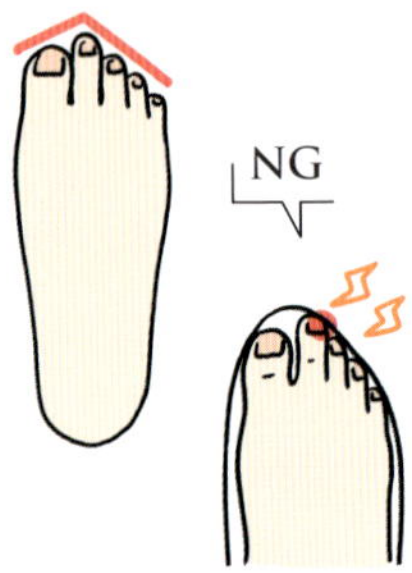

人差し指が一番長いのが特徴。親指にカーブの頂点がある「オブリークトウ」だと、人差し指が押されてしまいます

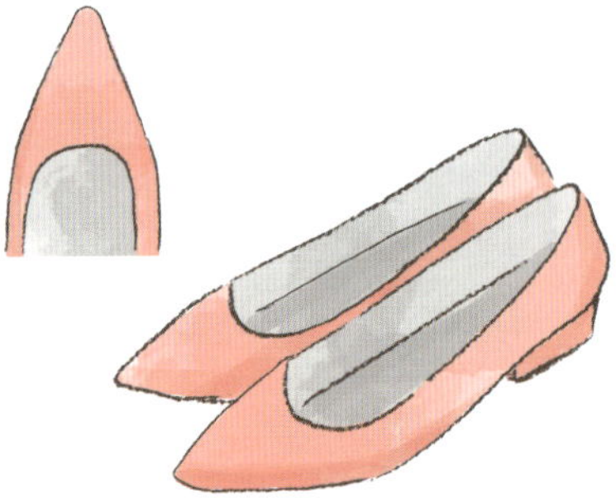

ポインテッドトウ

先がとがっていてつま先の細い、全体にほっそりしたデザイン。エレガントな雰囲気で、履くだけで女性らしさがアップします。

ポインテッドトウは、足をほっそりと長く見せる、美脚度の高い靴です

アーモンドトウ

ポインテッドトウとラウンドトウとの中間的デザイン。ポインテッドトウより少し柔らかな雰囲気に。

ソフトスクエアトウ

つま先が細めのスクエアトウ。女性らしく、上品な雰囲気のデザインが多いのが特徴。

細めのラウンドトウ

つま先が丸いくても、ほっそりしたデザインで、人差し指が圧迫されなければ OK。

スクエア型に合う靴

つま先がとがった靴は苦手 ゆとりのあるデザインを選んで

指のつけ根からつま先へのラインがゆるやかで、幅のあるデザインが合います。おすすめは、つま先部分が横に切ったように角ばっている「スクエアトウ」や、カーブがゆるやかな「ゆったりしたラウンドトウ」です。「ポインテッドトウ」のように、つま先が細いデザインだと、薬指や小指が圧迫されて痛みやタコ、ウオノメなどの原因になります。

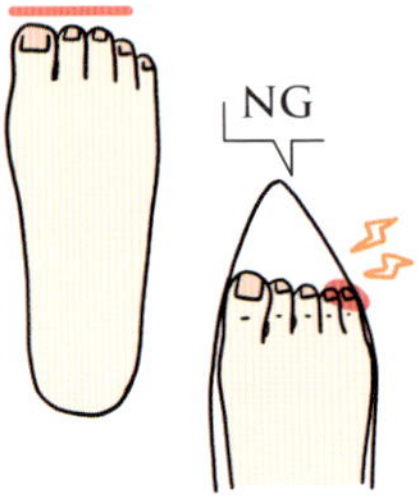

親指から中指までが同じ長さなのが特徴。つま先が細い「ポインテッドトウ」を履くと、薬指や小指が押されて痛みを感じます

スクエアトウ

つま先が台形のように四角いデザイン。トラッドなイメージが強く、ビジネスやきちんとしたシーンにも使えます。

きちんとした印象を与えるスクエアトウの靴は、1足は持っていたいアイテムです

ゆったりとしたラウンドトウ

つま先がゆったりしていれば、ラウンドトウも合います。ぽってりとして愛らしいデザインが多い。

ゆったりとしたラウンドトウ

メンズライクなローファーも、ラウンドトウだと女性らしい雰囲気になります。

スクエアトウ

スクエアトウのローファーは、きちんとした印象を与えます。メンズライクなコーデにハマります。

お店で靴を選んでみましょう

シューフィッターのいるお店を選ぶと便利

シューフィッターのいるお店で靴を選んだことはありますか？　シューフィッターとは、足に関する基礎知識と靴合わせの技能を習得し、足の疾病予防の観点からその人に正しく合った靴を販売する、シューフィッティングの専門家のこと。足のサイズを特別な器具を使って測ってくれたり、靴の選び方で迷った時に様々なアドバイスをしてくれるなど、似合う靴を探すサポートをしてくれます。

シューフィッターのいる店は「一般社団法人　足と靴と健康協議会」のサイト（http://fha.gr.jp/search）で検索できます。相談は無料というお店も多いので、気になる人は問い合わせてみましょう。

選ぶ時間をたっぷりとり、自分にぴったりの靴を探そう

靴はサイズ、形、デザイン、素材など検討するポイントが多いアイテム。また、ぴったり合う一足を探すために何種類かを試し履きすることも大切です。

靴を買う時は、時間に余裕を持ってお店に行きましょう。プロによるサイズの測定も含め、30～40分ほど時間を空けておくと安心。シューフィッターに相談して選んだものの中から4、5足を履き比べ、自分に合う靴を選びましょう。

ショップに行く前に

自分にぴったり合う靴と出会うためには、事前準備も大切。どんな靴が欲しいかをイメージし、それに合わせて準備しましょう。

靴に合わせたいものを履いていきましょう

靴に合わせたいストッキングや靴下を用意

ストッキングと靴下では、足に合う靴のサイズが変わってきます。購入する靴に合わせたいアイテムを履いていくか、用意しましょう。

合わせたい服で行く

仕事用なら仕事の服を着て行くなど、靴に合わせたいファッションでお店に行けば、服とのバランスもチェックできます。

欲しい靴のイメージも伝わりやすくなります

一日の中で靴が最もきつくなる時間帯に合わせて

自分の足がむくみやすい時間に買いに行く

足がむくむ時間に選ぶと、靴がきつくなるのを避けられます。何時頃がむくみやすいかをチェックし、その時間帯に選びましょう。

ショップで靴を選ぶ手順

お店で靴を選ぶ時、どんな手順で何に気をつけて買えばいいか知っていますか？　改めてチェックしましょう。

手順1　足に合ったデザインを選ぶ

「エジプト型」「ギリシャ型」「スクエア型」の３つのタイプに、それぞれ合ったデザインの靴があります。その中から選ぶとスムーズです。

自分のつま先の形に
フィットするデザイン
を選びましょう

手順2　靴を用意してもらう

サイズが同じでも、ブランドやメーカーによって靴の大きさは様々。サイズを変えて履き心地を確認したいので、試し履きする時は、あらかじめ複数のサイズを用意してもらうとスムーズです。

手順3　試し履きをする

①フィット感を確認

必ず両足を入れ、靴と足が合っているかを確認します。靴によってチェックポイントが違うのでP50、P56～を参考にチェックしましょう。

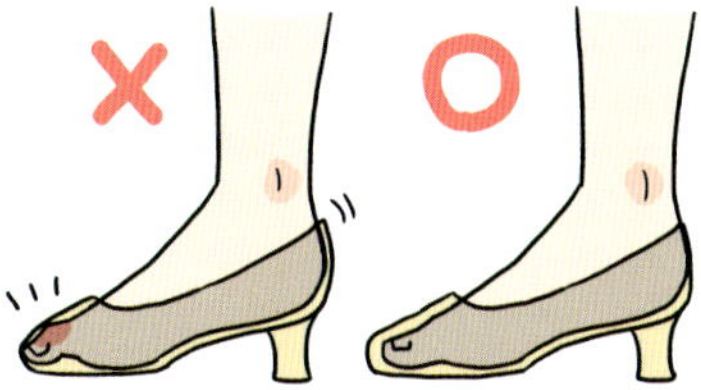

靴の中で指が曲がっていないか、かかとが抜けないかなどを確認します

②歩いて履き心地を確認

店内で歩いたり、つま先立ちで背伸びをするなど、普段の動作をした時の履き心地もチェックしましょう。

手順4　合わない部分を伝えて調整をする

試し履きをしてみて、合わないと感じる部分があれば、お店の人に、どんな風に合わないかを詳しく伝えて、サイズを変えたり、インソールを入れたりして調整します。

インソールで
フィット感をアップ

インソールで調整すると履きやすさアップ！

欲しい靴が足より2、3ミリほど長かったり、幅が広い場合もあります。そんな時は、インソールで調整し、履きやすくしましょう。

サイズ調整のためのインソールというと、かかとからつま先まであるオールインワンタイプを思い浮かべる人が多いかもしれません。しかし、骨や土踏まずの位置は人によってかなり違うので、オールインワンタイプのインソールでは位置が合わなかったり、足が痛くなることもあります。そういったトラブルを避けるため、つま先用などの部分的なインソールで調整するのがおすすめです。貼る位置を数ミリずらすだけで履き心地が変わるので、履いてみて足の感覚を確認し、ぴったりの位置を見つけましょう。

お店でインソールを試そう

インソールには様々な種類があり、目的によって適した形や入れる位置が変わります。選び方や使い方に迷った時は、お店のスタッフに相談をしましょう。靴専門店や百貨店の靴売り場では、多彩なインソールを揃えていることが多く、スタッフも知識が豊富です。こうしたお店では、サンプルを用意していることも多く、靴に入れて試し履きをすることも可能です。靴の悩みを相談しながら、ぴったり合うインソールを探しましょう。

インソールの使い分け

サイズ調整のものだけでなく、快適な歩行をサポートするものや、足の痛みを軽減するものもあります。上手に使って靴を履きやすくしましょう。

取り外しできるジェルパッドが便利！

前すべりを防ぐにはつま先用を使う

足が前すべりする場合は、つま先に置くタイプを使います。ジェルパッドなら透明で目立たず、数mm単位の調整ができます。

むくみ対策にも有効。足がむくんでいない時はジェルパッドを入れて、むくんで靴がきつくなったら、ジェルパッドを外したり、かかと側にずらすと履きやすくなります。

指のつけ根が痛い時は涙型のインソール

足裏の人差し指の下あたりが痛む場合は、親指と小指の骨の出っ張った部分を結ぶラインと足の中心線が交差する部分に、涙型のインソールをイラストのように入れます。

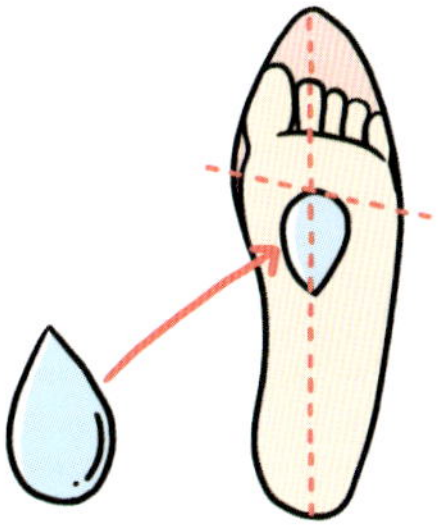

調整が難しいので、専門家に相談するのがおすすめ

走れるパンプス
それは女性たちの
憧れの品
普通に履いている
だけでも
痛いのに…
うっ…
ズキ
ズキ
涼子
こずえの会社の
営業OL
体力ゲージ
朝からもう半分…
パンプスダッシュした後の
ダメージは相当なもの…
ちこくー!!
遅刻しそう!
どうする?
諦める
タクシー
▶ダッシュ
体力ゲージ
もうダメ…
あ、
足が
もう…
ゼェ
ゼェ
涼子ちゃん
今日もダッシュ?
へんじがない。
ただのしかばね
のようだ。
靴の悩みなら
いいお店
あるよ…
つれてって～
後日
こんにちは～
あなたが魔女!?
私に走れる
パンプスを!
て
魔女?
そんなの
魔法じゃ
出ないわよ

パンプスは走るものじゃないけど…
人には走らなきゃいけない時があるんです！
朝とかね…
まあいいわ
パンプスを選ぶポイントは3つよ
Goal
③つま先
②甲
①かかと
おおーっ
①かかと
はい…
ちょっとかかとを上げてみて
あっ
ぱかっ
ムッ
こんなふうにかかとが浮くと歩きにくいし靴ずれもするわ
傷ができて
固くなる…
私傷だらけです〜
試し履きでかかとが抜けちゃう時は…
①足囲を細くする
足長はそのまま
例 EEなら Eを履く
それでも浮くなら
②足長を短くする
足囲はそのまま
例 23.5なら 23を履く

足囲と足長を変えてかかとが抜けないものを探してね
見つかりました!!
かかと CLEAR
②甲
次は甲に隙間がないかをチェック！
甲に人差し指を入れてみて
靴と甲の間に指が入るとNGよ
ぴったりです！
OK
指が入らない
NG
指が入る
甲 CLEAR
③つま先
最後につま先をチェック！
足指が自由に動ける捨て寸が10mm以上ある
大丈夫です！
押しても足指あたりません！
それがあなたにぴったりのパンプスよ
つま先 CLEAR
わ〜走れる〜!!
ドドド
でもちょっとめんどくさいかも…
もっとカンタンに探せません？

ヒール
歩きやすいデザインを選ぶのも手よ
これなら見た目で判断できるわ
ほお〜
太い方が安定する
ストラップつきもおすすめよ
前すべりが防げるわ
なるほど!!
じゃあ私はストラップつきで探そーっと
あ、これかわい〜
これも〜
あれ？靴下でパンプス履いてたっけ？
はーはーいい汗かいた
まさか〜ストッキングだよ
社会人だし〜
試し履き中
いつもと同じでないとフィットしないんじゃ…
ガーン
たしかに!!
おバカ…

パンプス・ハイヒールが足に悪いのはウソ

足に合ったパンプスなら快適に歩ける

甲の部分がないパンプスは、靴の中で足が前にすべるのを止められません。足がすべり、つま先が前へ押しつけられると、足の痛みや外反母趾、タコなどの原因になります。

そのため、パンプスやハイヒールは歩きにくく、足が痛くなるというイメージがありますが、それは勘違いです。すべてのヒール靴が足に悪いわけではありません。足に合っていれば、ヒール靴でも前すべりしないので、快適に歩くことができます。

歩きやすいヒール靴選びのポイントは以下の2つです。

①ヒールの高さ
②ヒールの安定感

また、ストラップやベルトで安定感をアップさせるのもおすすめ。これらのポイントを押さえ、歩いても痛くないパンプスを探しましょう。

デザイン優先なら長時間履かない

ただ、おしゃれのために細くて高いヒール靴を履くこともあるでしょう。その場合は、長時間履き続けないように心がけるのが大事。また、靴を脱いだら足のマッサージをするなど、足をいたわりましょう。

歩きやすいパンプス・ハイヒール

歩きにくく疲れやすいイメージがあるヒール靴ですが、ポイントを押さえて選べば、歩きやすい１足が見つかります。お気に入りを探しましょう。

ヒールが太いと安定し、よりベター

ヒールの高さは 3～5cm が理想

ヒール靴で歩くとアキレス腱の適度な伸縮を促すので、ほど良い高さがあると◎。ヒールは３～5cm くらいを目安にしましょう。

ヒールに ぐらつきのないものを選ぶ

平らな場所に置き、ヒール自体が斜めになっていないかを確認します。かかとの中心部分に指を置き、左右に動かした場合にぐらつくような靴は失格。

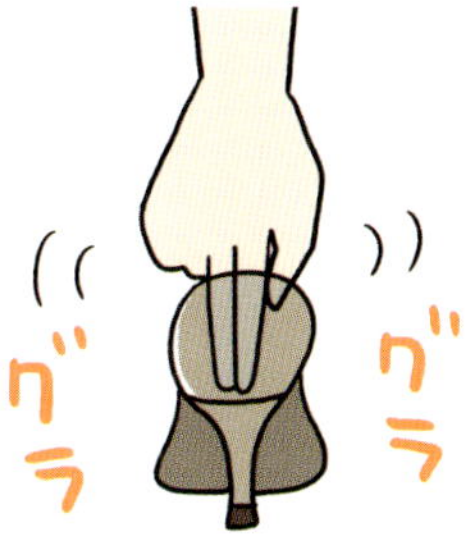

試し履きの前にチェック！

足首側より、甲の真ん中にあるものがおすすめ

ヒールが苦手な人は ストラップつきを選ぶ

ヒール靴が苦手なら、ベルトやストラップつきを選びましょう。甲を押さえ、足が前にすべるのを防いでくれます。

パンプス選びのポイント

パンプスとは、ひもなどの調整具がなくトップラインの浅い靴のこと。特に高いヒールのものをハイヒールと呼びます。フィットしたものを選ぶのが難しい分、ポイントをしっかり押さえましょう。

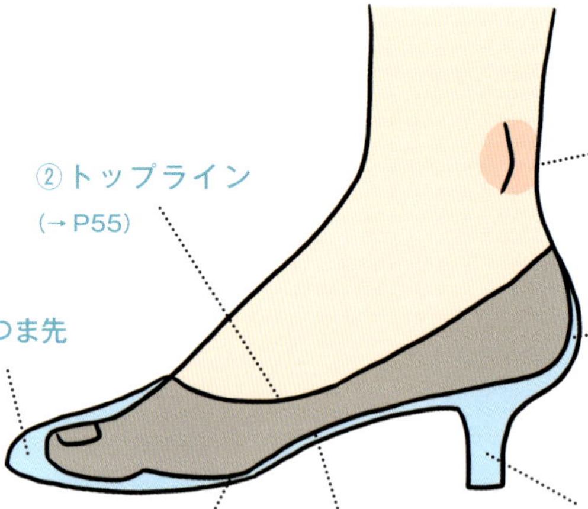

くるぶし
トップラインに触れない。この部分が当たると痛いので深さが合うか確認する

②トップライン
（→P55）

③つま先

①かかと

ヒール
重心が合っていてぐらつかない

ボールジョイント （→P55）
歩く時に足が曲がる場所と、靴の横幅の最も広い部分が合っている

アーチライン （→P55）
土踏まずと靴の間が空きすぎていたり、足裏が当たって痛いものは合わないので避ける

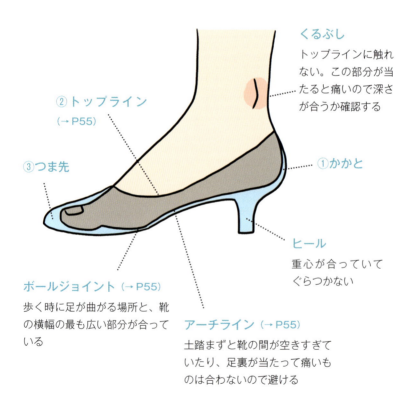

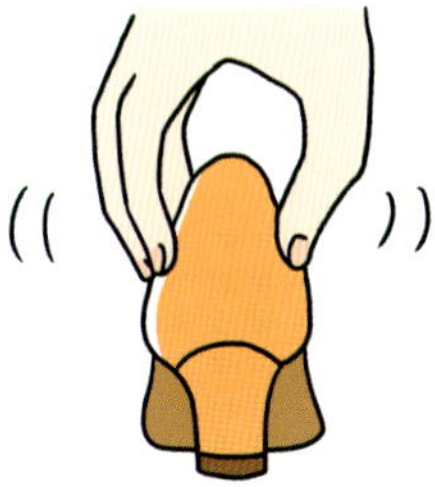

かかとを指でつまんで
硬さを確認

①かかと

かかとと足の間に隙間がなく、歩いてもフィットしていることが大事。また、ここが柔らかいと足が安定しないので、指でつまんで潰れないか確認を。

②トップライン

きつすぎると痛く、ゆるいと脱げたり、足が前にすべります。甲の高さに合っていることが大事。

きつすぎる

ゆるい

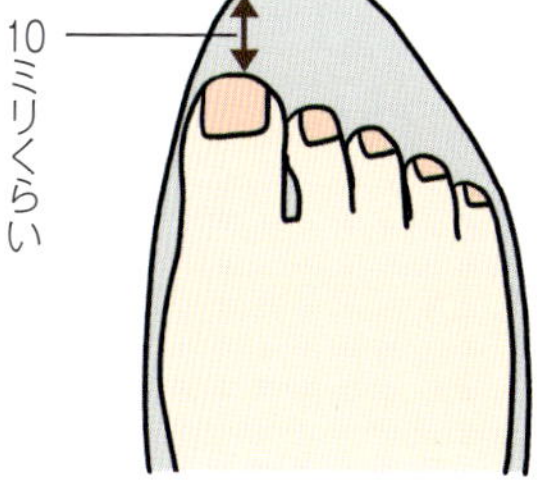

③つま先

つま先に10mmくらいの余裕（捨て寸）があるか確認。靴を履いた状態で、足の指が自由に動くか、爪が当たっていないかもチェックします。

走れるパンプスが増えている

欲しいのは、ダッシュしても痛くならないパンプス

遅刻しそうな時や、子どもの送り迎え、ランチタイムの席確保など、時間に追われてダッシュする機会は意外にあるもの。そんな時、合わないパンプスを履いていると、途中で脱げてしまったり、足を傷めてしまう恐れがあります。「パンプスは履きたい。でも、走っても痛くないものが欲しい」という人も、多いのではないでしょうか。

自分の足に合った走れるパンプスを探そう

そんな女性の声に応えて、各メーカーが「走れるパンプス」「疲れにくいパンプス」をテーマにした靴を販売するようになりました。

このような靴は、前すべりしにくいインソールを入れたり、クッション性のある素材を使うなどの工夫がされていて、足にぴったりフィットし、足裏にかかる負担を和らげてスムーズな歩行をサポートしてくれます。

機能性だけでなく、つま先タイプ別のデザインが揃っていたり、足囲が細め・広めなどの悩みにも対応する、サイズ展開が豊富なブランドも増えています。

見た目もおしゃれなものが多いので、商品を比較し、自分の足にぴったりで快適なパンプスを探しましょう。

走れる！快適！　おしゃれなパンプスブランド

デザインも良く快適なパンプスブランドをピックアップ！

success walk サクセス ウォーク

最大 82 バリエーション
ぴったりの 1 足が見つかる

働く女性に評判！ ワコール開発のビジネスパンプス。着地時に体重を支えるヒール位置、足の前すべりに対応した３Dインソール等の機能はもちろん、サイズバリエーションも豊富。

足長は 21.5cm ~ 26.0cm まで、足囲は C ~ EEE まで
※ 5cm ヒールは同じ足囲でも「幅広甲薄タイプ」と「標準タイプ」がある

http://www.successwalk.jp/foot/　TEL：0120・307・056（ワコール お客様センター）

Medica Escort　メディカエスコート

外反母趾矯正の院長と開発
美フォルムで歩きやすい

外反母趾矯正専門整体院の院長と靴メーカーが共同開発したパンプス。外反母趾になりにくい木型と素材で作られていて、足あたりの良さと美しいフォルムが特徴。

歩きやすいうえ、外反母趾になりにくい工夫がされている

http://www.modaclea.co.jp/brand/medicaescort.html　TEL：03・3875・7050（モーダ・クレア）

タイプ別
靴の上手な選び方

足長だけでは足りない靴のチェックポイント

自分の足長・足囲と、つま先タイプがわかれば、靴選びはラクになりますが、さらにぴったりの靴を選ぶためには、試し履きをして、足と靴が合っているかを細かく確認する必要があります。

チェックする場所は、かかと、つま先、ボールジョイント、アーチライン、トップラインなど。これらが合っている靴を選ぶと、足にぴったりフィットして履きやすく、1日履いていても疲れにくく快適です。ブーツやサンダルなど、靴のデザインによってチェックする場所も変わるので、靴のタイプごとにチェックポイントを覚えましょう。

10年履くつもりで修理のできる靴を選ぶ

じっくり時間をかけて選んだ、自分にぴったりの靴も履いているうちにヒールが傷ついたり、底が減ったりしてしまいます。靴を長く履くには、リペア（修理）することが重要。ですから、リペアしやすい靴を選ぶことも大切です。

例えば、靴底が靴に縫いつけてあるタイプなら、靴底の交換ができます。このような靴は高価なものが多いですが、長い目で見れば、直しながら履き続ける方が得なことも。シンプルな黒のパンプスなど、定番の形で出番の多い靴は、10年履き続けるつもりで質のいいものを選びましょう。

知ってておきたい靴の名称

靴を選ぶ時のポイントとなる部位の名称や役割を覚えましょう。

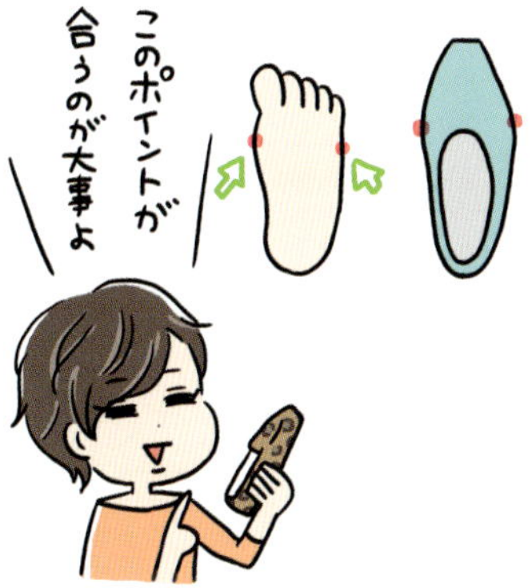

ボールジョイント

歩く時に足が曲がる場所。この部分と靴のボールジョイント（幅の最も広い部分）が合っている靴を選びましょう。

トップラインが合わず、左右にふくらむ靴は足に合っていません

アーチライン

土踏まずのラインのこと。ここが靴とぴったり合うものを選ぶのが大切。浮いてしまう場合は、インソールを入れて調整しましょう。

トップライン

靴の履き口のこと。靴ずれしやすい場所なので、歩いたりしゃがんだりして、フィット感を確認しましょう。

ブーツ選びのポイント

トップラインがくるぶしよりも上にある靴をブーツと言い、ショート、ロングなど、高さによって分類されます。ブーツはくるぶしと筒が自分の足に合うかが重要なポイントになるので、慎重に選びましょう。

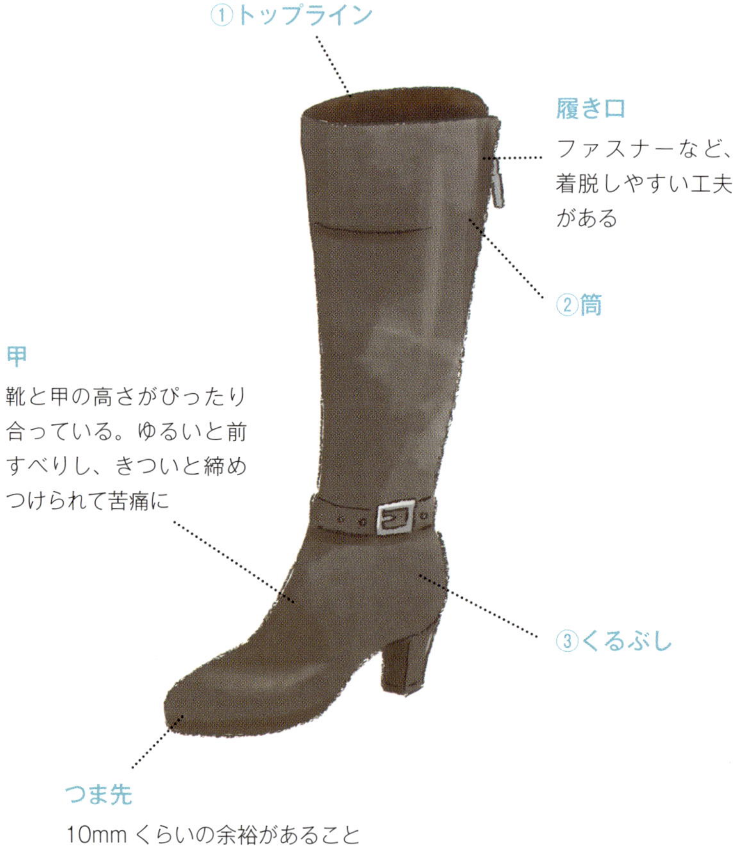
①トップライン
履き口
ファスナーなど、着脱しやすい工夫がある
②筒
甲
靴と甲の高さがぴったり合っている。ゆるいと前すべりし、きついと締めつけられて苦痛に
③くるぶし
つま先
10mm くらいの余裕があること

しゃがんでも脚を圧迫しないことが大事です

①トップライン

ひざを曲げた時に、ひざの裏にトップラインが当たらないことが大事。試し履きをする時は、必ずしゃがんで確認をしましょう。

②筒

ハーフ以上の丈のブーツでは、筒の太さと形状が脚に合っているかをチェック。ゆるすぎたり、きつすぎたりしないものを選びましょう。

筒と脚が合っていても、足長や足囲が合わずブカブカなものはＮＧ。中敷きを入れるなどして調整を

ステッチやファスナーがくるぶしに当たると、履いているうちに痛くなるので注意

③くるぶし

くるぶしを内外側から軽く押さえて、しっかりフィットしているかを確認。痛くないか、違和感がないかもチェックしましょう。

サンダル選びのポイント

つま先がオープンになっているサンダルは、パンプス同様に選ぶのが難しいアイテム。アーチラインが合っていること、つま先がはみ出していないことや、かかとの位置がポイントになります。

②ベルト・ストラップ
①かかと
つま先
履いた時、5mm 程度の余裕があるものが◎
③アーチライン
ヒール
重心が合っていて、ぐらつかない
ボールジョイント
足や指がはみ出したり、指が出ていないかをチェックする

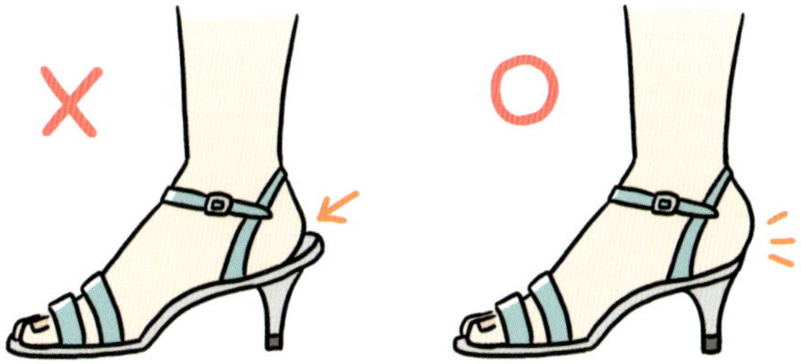

①かかと

かかとは少しはみ出すくらいのものを選ぶのがおすすめ。かかとが中に入ってしまうと、歩くたびにすべって足の疲れにつながります。

②ベルト・ストラップ

甲の部分をしっかり押さえられるものを選ぶと足が前にすべり込むのが防げる。長さを調整できるタイプだとベター。

③アーチライン

土踏まずが合っているものを選ぶ。土踏まずが浮いているとつま先立ちで歩いているような状態になり足指のつけ根が痛みます。

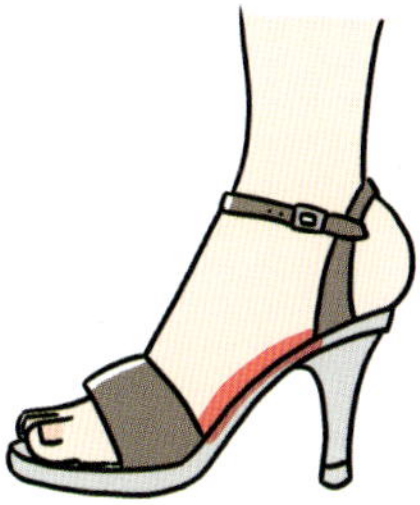

この部分が合っているとラクに歩ける

ローファー選びのポイント

ローファーは、足をすべり込ませるだけで履ける靴のこと。歩きやすいイメージですが、ひもやベルトで調整できる靴と比べるとフィット感が弱まります。かかとがしっかり固定される靴を選びましょう。

つま先
履いた時、10mm 程度の余裕があるものが◎

アーチライン
土踏まずと靴の間が空きすぎていたり、足裏が当たって痛いものは合わないので避ける。

試し履きの時は、靴に合わせるソックスを履いて確認をしましょう

①かかと

かかとと靴の間に余計な隙間がなく、フィットすることが大切。歩いても脱げず、足についてくるものを選びましょう。

②甲

革靴は履いているうちに広がるのでややきつめがおすすめですが、痛みを感じるものはNG。大きすぎると前すべりし、疲れや靴ずれの原因に。

甲がブカブカだと、不要な横ジワができる原因にもなります

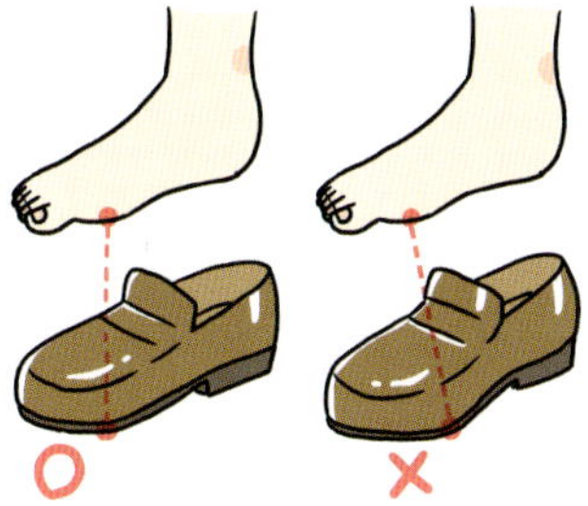

③ボールジョイント

足と靴のボールジョイントが合っていること。ここが合っていると歩きやすく、合わないと違和感を感じます。

ひも靴選びのポイント

ひもで調節して履くイメージがありますが、買う時はひもをほどいてもフィットするものを選び、ひもは数ミリレベルの調整に使いましょう。面倒でも脱ぐ時はほどき、履くたびに結ぶと快適に履けます。

ベロ
長すぎて足首に当たらないかを確認
②トップライン
①羽根
甲
圧迫されないものを選ぶ
かかと
硬くしっかりしている。足とフィットしているかも確認。
つま先
履いた時、10mm程度の余裕がある
アーチライン
土踏まずが足に合っていて違和感がない
ボールジョイント
合っていて、歩きやすい

①羽根

内羽根式と外羽根式があります。ひもを結んだ時に開きすぎたり、重なったりしないものを選びましょう。

内羽根式

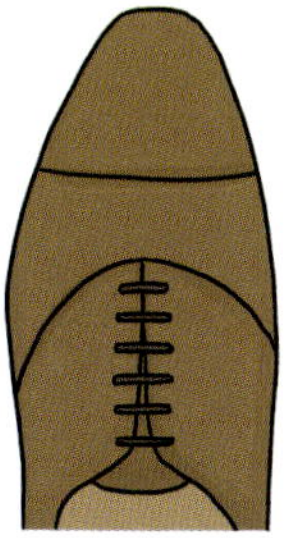

羽根が甲の部分と一体化したもの

外羽根式

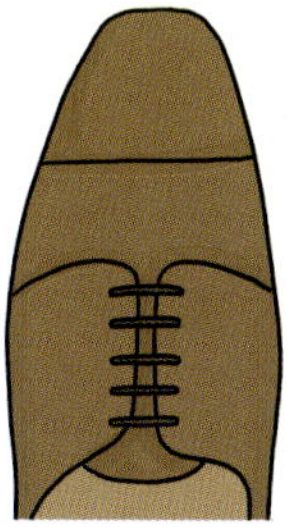

羽根が外側に開き、甲の部分に乗っているもの

［羽根の開き］

内羽根式：最上部の開きは８～12mm くらいが良い。

外羽根式：開きは 10～14mm くらいが良い。ほぼ平行に開くことも大切。

［ひも］共通：羽根の合わせ目に対し、ほぼ直角に並んでいる

［はとめ穴］共通：穴が左右対象の位置に並んでいる

②トップライン

ひもを締めて歩いてみて、くるぶしがトップラインに触れない。この部分が当たると痛いので深さが合うか確認する。

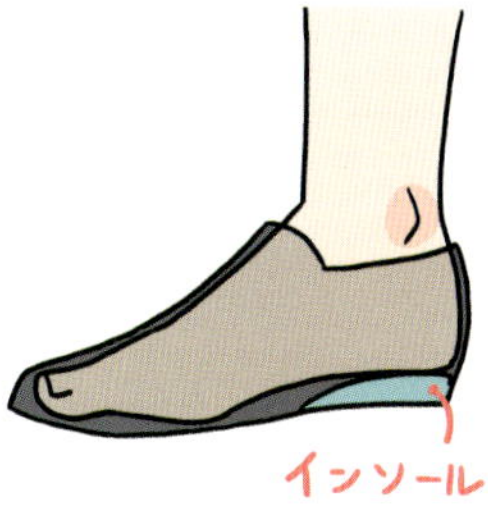

トップラインがくるぶしに当たる時は、かかと側にインソールを入れて当たらないようにする

足のお悩み別
靴の選び方

大きすぎる靴が足トラブルを招く!?

若い女性は足囲が細くなる傾向にあるといわれています。一般的な靴の足囲はDやEが多いので、BやAなどの足囲には合いません。自分の足囲より大きな靴を履き続けると、歩行時に足が靴の中で前にすべり、足が圧迫されて外反母趾などの足トラブルの原因になります。

足トラブルの予防に効くのはぴったり合った靴を履くこと

足裏の靭帯《じんたい》に弾力があると、多少ムリな形の靴を履いても、靴を脱げば元の足の形に戻ります。しかし、靭帯が緩むと復元力が下がり、ちょっとしたことで足の変形が進んでしまうのです。足裏の靭帯を緩めないためにも、足にぴったり合った靴を履くことが重要です。

痛みをカバーするぴったりの靴を選ぶのが大切

足トラブルを改善するためには、痛くない靴を選ぶだけでなく、症状を悪化させない靴を選ぶのが重要です。

足の症状によって選ぶ靴のポイントや適したデザインも変わります。見た目や好みだけで靴を選ぶのではなく、自分の足に合う靴を選ぶことで、足トラブルを軽減&予防しましょう。

女性の足の4大お悩み

足の指や甲が靴に当たって痛い、靴が脱げやすくて歩きづらい、かかとが擦れて水ぶくれができるなど、足の悩みはさまざま。あなたは大丈夫？

外反母趾で親指のつけ根や足裏が痛い

外反母趾の人が、幅の細い靴を選ぶと、足囲が合わず親指のつけ根が当たって痛みがち。また、足裏にウオノメもできやすくなります。

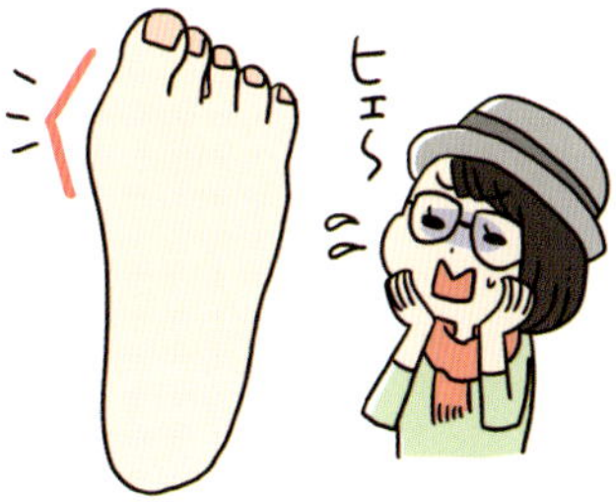

足の変形がすすむと、手術が必要になることもあります

甲高で履き口が当たって痛い

甲がふっくらした人や、土踏まずが極端に上がっている人は、履き口がきつくなりやすく、甲を圧迫するので痛みを感じます。

扁平足で歩くとすぐ疲れる

扁平足は、歩く時のクッションになる土踏まずのアーチが落ちた状態です。歩く衝撃をうまく吸収できず、疲れやすくなります。

かかと浮きして靴ずれしやすい

足長や足幅が合っていても、かかとが細いと、かかと浮きします。かかとが合わないと、歩きにくいうえ、靴ずれもしやすくなります。

外反母趾の解決シューズ

外反母趾は悪化させると手術が必要になることも。痛みを改善させるだけでなく、悪化させない靴を選ぶことが重要です。

POINT1 ヒールは高さ5cm以内

ハイヒールで足が前にすべると、靴に足指が当たり痛みます。ヒールは足がすべりにくい5cm以内に。

指と指がぶつからない靴を選びましょう。数ミリなら、お店で幅を広げてもらうこともできます

POINT2 足指が動かせる

つま先が細い靴は足指を圧迫するのでNG。靴の中で足指が動かせる、ゆとりがある靴を選びましょう。

POINT3 甲にベルトがあるものやスリッポンタイプ

甲をしっかり支えるデザインを選んで、開張足（→P135）を予防しましょう。足にフィットしていると前すべりせず、外反母趾の部分を圧迫することもありません。

パンプスなら、つま先がゆったりしたラウンドトウのローヒールが合わせやすい

ローファーやドレスシューズなどメンズライクな靴は、足全体を包むので、靴がずれにくく外反母趾におすすめ

甲高の解決シューズ

甲高の人は、甲をすっぽり覆うタイプを履くと、甲が圧迫されて痛みます。履き口が調整できるものや、甲が浅めのものを選びましょう。

POINT1 履き口を調整できる靴

甲の部分をひもやベルトで締める靴を選び、自分の甲の高さに合わせて調節しましょう。

甲が浅い靴は脱げやすいので、必ず歩いて確認をしましょう

POINT2 甲が浅い

足指が少し見えるくらいの甲浅シューズを選ぶと圧迫されません。ただし、靴が脱げやすいので、試し履きで確認を。

POINT3 履き口がゴム

バレエシューズなどに多い、履き口がゴムの靴。足の甲に合わせて伸び縮みするため、締めつけられずに快適です。

ひも靴は履き口が調整できるので、甲高さんにおすすめ

長さを調整できるストラップつきだと、甲浅のデザインでも脱げにくくなります

扁平足の解決シューズ

足長と足囲がぴったり合う靴を見つけるのが難しいタイプ。試し履きを丁寧にして、フィットするものを選びましょう。

POINT1 つま先を締めつけないスクエアトウを選ぶ

スクエアトウは、先の細い靴に比べて足先までゆったりしているので、窮屈さがなくなります。

アーチクッションがなければ、市販のものを貼ってもOKです

POINT2 アーチクッション入り

土踏まずの部分にクッションがある靴を選ぶと、歩く時の衝撃が吸収され、疲れにくくなります。

POINT3 安定感のあるチャンキーヒール

扁平足は足のふんばる力が弱いので、安定感のあるヒールを選ぶと、歩きやすくなります。安定感のあるチャンキーヒールやウェッジソールが◎

試し履きをしてアーチクッションの位置や高さが足に合うかも確認を。高さが合わないと、痛くなる場合もあります

かかと浮きの解決シューズ

かかとが細いと、歩く度にパカパカと浮いてしまいます。かかとが細い人用の靴を選んだり、足と靴がフィットしやすい靴を選びましょう。

POINT1 かかとが細いタイプ

試し履きでかかとが浮かないかを確認。かかとが細い人向けの靴も増えているので、お店の人に相談を。

POINT2 返りがいい靴

歩く時に足が曲がる部分の靴底が柔軟で足の動きにフィットする靴を「返りがいい靴」といいます。歩いてみて、足についてくるか確認しましょう。

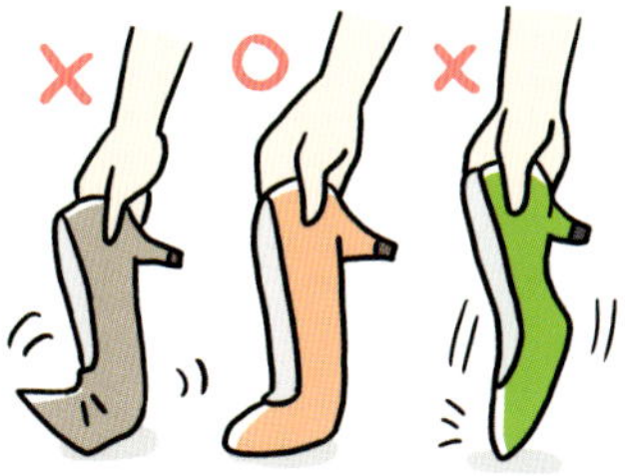

靴底は、柔らかすぎも硬すぎも、地面を蹴る時の足指の動きに合わないのでNGです

POINT3 ストラップつき

ストラップで靴が脱げないように固定するのも効果的です。ストラップは足首より甲側にある方が、足をしっかりホールドしてくれます。

ヒールの傾斜で前すべりするのも、かかと浮きの原因に。すべり止め用のインソールを入れるのもおすすすめです

手持ちの靴を整理しましょう

足に合う？ 履きたい？ が靴の片づけのポイント

これまでに紹介した靴選びの知識は、買い物だけでなく今持っている靴の整理にも役立ちます。以下の手順で、手元に残す靴を決めましょう。

①持っている靴を玄関に並べ、履いて足に合うかをチェック。つま先立ちをすると、かかとが抜けてしまう靴、親指や小指が当たって痛い靴など、足に合わない靴とそうでない靴を分ける。

②合う靴は下駄箱にしまい、残りを「履きたい靴」と「そうでもない靴」に分ける。「そうでもない靴」は、処分を検討する。

③合わないけれども履きたい靴は、インソールなどを使って調整できるかを検討。購入したお店に相談をするのもおすすめです。調整が難しければ、履くのは短時間にして、足に負担がかからないようにしましょう。

かかと浮きだけでなく、
服と合わせやすいかもチェック！

第2章

靴とファッション

靴はおしゃれの重要アイテム。脚がきれいに見え、センスアップする足元コーデの法則で、服と靴をバランス良く組み合わせて、もっと美人になりましょう。

FASHION

レナもすっかり
お母さんね～
キョロ
キョロ
何見てるの？
最近、人の足元ばかり
気になって
あっあの靴カワイイ！
私なんて子どもが
できてから
ペタンコ靴ばかりで
つまんない…
モカシン
オジ靴
オペラシューズ
スニーカーとか
カジュアルコーデは
苦手だし
キレイめコーデ
独身時代はヒールばっかり…
いいお店があるの！
えっ
ウフ
こんにちはー
わかったわ
ちょっと
待ってね
かくかくしかじか
ポチッ
ギギ～

わ
スゴ〜イ
ここで靴と服のコーディネートサービスをしているの
ペタンコ靴でもおしゃれはできるわ
レナさん 靴（かわいい系）と 服（大人カジュアル）の テイストがちぐはぐね
ガーン
え〜
こずえさん そのコーデだと 足が短く見えるわよ
2人とも 服を選ぶ時 靴も合わせてる？
合わせてないです〜
鏡の前で靴も合わせてチェックするのが基本よ
これにしよう!!

きれいめコーデに
スニーカーを合わせるなら
細めのタイプを
選んで
カジュアル感や
かわいらしさを出すには
ぷっくりタイプよ
レナさん
これを履いてみて
はーい
いい感じ!!
スニーカーって
子どもっぽいと
思っていたけど
違ったー
スニーカーにも
いろいろ
あるんですね
なるほどね
こずえさんには
このスカート

ミニ丈&フレアのスカートにすれば
before
after
ひざ下がスッキリ長く見えるのよ
これならＯＫ！
スッキリ！
レナさんは
ロールアップしてくるぶしを見せるとより女っぽく
本当だ！
こずえさんはベージュ系の靴にすると…
もっと足長に！
スゴイ!!
もっと教えてください～
いいわよ
しばらくして
この人人気なんですよ
ん？
人気インスタグラマーのペタンコ靴コーデ
レナさん
レナいつの間にっ

靴がもたらすファッション効果

靴からイメージを作る

コーディネートのイメージを左右するのは「靴」です。同じ服でも、きれいめのパンプスを履けばきちんとした印象に、スニーカーならカジュアルな雰囲気になります。

手持ちの靴を3タイプに分類すると、なりたいイメージを作ることが簡単にできます。

①黒のパンプスなど、フォーマルな席にも履いていける「きれいめ系」

②近所に出かける時や、たくさん歩く時にぴったりなスニーカーやスリッポンなどの「カジュアル系」

③おしゃれを楽しみたい時のカラーパンプスや、かわいい系のバレエシューズなどの「おしゃれ系」

同じ服でも、出かける先や用事に合わせて靴を選べば、目的に合ったイメージになります。

服+靴でコーデを確認

服を完璧にコーデしたのに、玄関先で靴を履いた途端、イマイチになったことはありませんか。これは、ボトムスと靴のバランスが取れていないのが原因。ペタンコ靴とハイヒールでは、イメージだけでなく脚の見え方も変わります。コーデを決める時は、靴を履いた状態で全身を鏡に映して、ボトムスと靴のバランスを確認しましょう。

靴でテイストを決める

きちんとした印象のパンプス、カジュアルなスニーカーなど、イメージの違う靴を使って同じ服を何通りにも着回しましょう。

同じワンピースも靴でイメージが変えられる

ワンピースのようなシンプルなデザインの服こそ、靴でイメージが変わります。バッグやアクセもイメージに合わせて選べば完璧！

スリッポンに合うカジュアルアイテムを加えてオフスタイルに

きれいめパンプスに合わせたアクセやジャケットで、女らしく

靴とボトムスのベストバランス

靴とボトムスのベストな関係

足元コーデで難しいのが、ボトムスと靴のバランス。ポイントになるのは、ボリュームと丈です。

ガウチョのようにボリュームがあるボトムスには、ヒールが太いチャンキーヒールなど、ボリュームのある靴が合います。一方、スキニーデニムのようにスッキリしたボトムスに合わせやすいのは、シンプルなパンプスやハイヒールです。

そして丈のバランスも重要。ひざ上丈で脚の露出が多いボトムスは、脚の形が丸見えになるので、脚がキレイに見えるヒールのある靴を選ぶのがおすすめ。ひざ下が短く見えがちなひざ丈のスカートは、甲の部分が見えるパンプスを選ぶと脚長に見えます。ボトムスに合わせて靴を選ぶようにしましょう。

ソックスやタイツで美脚に見せるテクニック

靴だけでなくタイツや靴下でも、なりたい雰囲気を演出できます。女性らしく見せたい時は、薄手のタイツにハイヒールを合わせると効果的。カジュアルな中に女っぽさも欲しい時は、パンプスに靴下を合わせると、こなれた雰囲気に。

色の組み合わせもおしゃれのポイント。服とタイツ・靴下の色を同系色にすると、まとまりの良いコーデになります。また、靴と靴下・タイツの色を合わせれば、脚長に見えます。

靴×ボトムスのポイント

靴と服とのバランスが悪いと太って見えたり、垢抜けなかったりして残念な印象に。足元コーデをマスターして、スタイルもおしゃれ度もアップ！

服のデザインや丈に合わせて靴を選ぶ

お気に入りの服や靴でも組み合わせた時にバランスが悪ければマイナスな印象に。服と靴のバランスを考えてコーデすれば、おしゃれ上級者に。

タイトスカート×薄手のタイツ×ハイヒールで女っぽい雰囲気に

シューズウエアでなりたい雰囲気を作る

タイツや靴下も、足元おしゃれの重要ポイント。服や靴に合わせた色選びやタイツの薄さなどで、なりたいイメージを作りましょう。

美脚に見える
スカート×靴コーデ

脚の見え方に注意し
キレイに見える靴を選ぶ

スカートと靴のコーデは、ボリュームと丈がポイント。

形がタイトになるほど、脚が目立つようになるので、美脚効果の高いパンプスを合わせましょう。丈が短いと脚長に見えますが、脚の形が丸見えになるので注意。ロングは脚を隠せますが、重たい印象になることも。ブーツで脚を隠したり、パンプスで甲を見せて抜け感を出すなど、丈に合わせた靴でバランスを取りましょう。

ひざ上スカート

ひざ上丈は、脚長効果がある反面、脚の形がバレやすいので要注意。自信がない人は、ロングブーツで脚をカバーするのがおすすめ。

パンプス

ひざ上丈とパンプスは、脚をスラリと見せてくれる王道コーデ。裾が広がるフレアならさらに美脚に。

ロングブーツ

ロングブーツで脚を隠して欠点をカバー。ストンとしたデザインでIラインを強調すれば足長効果も。

ブーティー

素足にブーティーだと、肌寒そうな印象に。しかしカラータイツだと重い時は、ソックスを使いましょう。靴と同系色だと足長に見えます。

ひざ丈スカート

裾と靴の真ん中にふくらはぎがくるので、脚が太く見えがち。脚をスリムに見せたいなら、甲やくるぶしが出るような靴を選びましょう。

パンプス

タイトスカートとパンプスの大人コーデ。足長効果のあるポインテッドトウで美脚度アップ。

ブーティー

ブーティーと同系色のタイツを合わせて脚を長く見せると、ふくらはぎが目立ちません。

スニーカー

スニーカーなら、ローカットよりもハイカットがおすすめ。視線がそれて、ふくらはぎを目立ちにくくなります。フレアスカートに合わせると美脚効果がアップ。

ロングスカート

脚の形をカバーできるけれど、下半身が重たくなるのが欠点。ボリュームのある靴と肌見せすることで、バランスを取りましょう。

ショートブーツ

存在感のあるショートブーツやブーティを合わせるのが鉄板。肌見せして軽やかにまとめましょう。

おじ靴

女っぽいニットスカートとおじ靴の甘辛コーデで、こなれた雰囲気に。靴下の長さで肌見せ量を調整して。

パンプス

パンプスはシンプルすぎてロングスカートとのバランスがいまいち。大人かわいいレースアップシューズを選べば好バランスです。

美脚に見える パンツ×靴コーデ

ボリュームと肌見せ量で美脚に見せる

マニッシュなイメージのパンツには、華やかなカラーパンプスやハイヒールを合わせると、女性らしさが引き立ちます。ペタンコ靴を合わせる時は、クロップドパンツがおすすめ。肌が見え、女性らしさを演出できます。フルレングスのパンツを合わせる時は、ロールアップして足首を見せましょう。

ブーツの時はパンツをインするか、くるぶしが見えるブーティーを選ぶと美脚に見えます。

スキニー

スキニーパンツは脚の美しさを引き立ててくれます。靴に合わせて、フルレングスで履いたり、ロールアップしたりしてさらに美脚に見せましょう。

パンプス

パンプスも合いますが、ハイヒールならより美脚に。華やかなフラワーモチーフはデートにも◎。

スニーカー

ペタンコ靴と合わせる時は、ロールアップして、くるぶしを見せると女っぽく見えます。

ロングブーツ

ブーツならショートよりロングが◎。ブーツインすると足の形をカバーでき、脚長効果も。ベージュやブラウン系のカラーなら、女らしさも表現できます。

クロップドパンツ

足首がチラ見えするので、フルレングスのパンツより女らしく見えます。靴も足首が見えるように履くのがおすすめ。

おじ靴

きれいめのペタンコ靴を合わせると、おしゃれなできる女風。くるぶしを見せるとヌケ感が出ます。

パンプス

脚をキレイに見せたいなら、ハーヒールがおすすめ。パンツスタイルでも女っぽさが漂います。

スニーカー

スッキリとしたシルエットなので、スニーカーを合わせるなら細身のものを選んでバランス良く。ソックスでくるぶしを隠さない方がスリムに見えます。

ガウチョ

靴とのバランスを取るのが難しいガウチョ。半端な丈とボリュームにマッチして、なりたいイメージを作れる靴を選びましょう。

パンプス

きれいめコーデにしたい日は、品のあるハイヒールを合わせ、スッキリとした足元にしましょう。

サンダル

カジュアルにコーデするなら、ソールが厚めのサンダルを。ガウチョとのバランスがとれます。

ショートブーツだと重くなるので注意

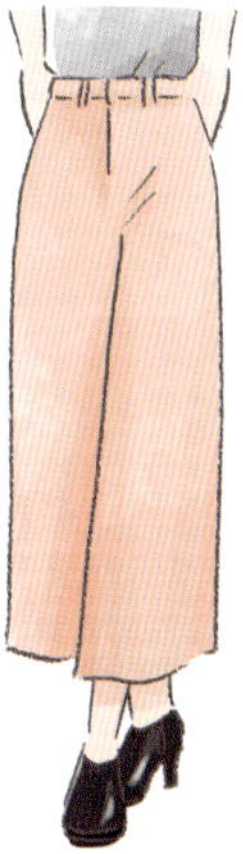

ブーティー

ガウチョにブーツを合わせるなら、足首がちらりと見えるブーティーがおすすめ。肌を見せることで軽やかな雰囲気になります。

アイテム別ヒールとペタンコ靴の
ベストな丈バランス

靴とボトムスで変わるベストな丈バランス

同じコーデでも、ヒールがある靴かそうでないかで、スタイルが良く見えたり、悪く見えたりします。

その原因は、ボトムスと靴の間の肌見せ量の違い。例えば、スカートとペタンコ靴を合わせた場合は、短め丈で肌見せ量を増やすとスタイルアップします。ペタンコ靴を履くとスタイルが悪く見えると決めつけず、美脚に見える丈バランスをマスターして、コーデ上手になりましょう。

タイトスカートの場合

スタイル良く見せてくれる「I ライン」を作りやすいタイトスカート。定番アイテムだけに、一歩間違えると古くさい印象になるので気をつけて。

ヒールに合うのは**長め丈**

ペタンコ靴に合うのは**短め丈**

ヒールの力を発揮するのは、ふくらはぎが半分見える長め丈。短め丈は少し古い印象になるので注意。

エスニックなサンダルなら、短め丈タイトもこなれた雰囲気に。フレッシュなイメージで履きこなせます。

ガウチョの場合

フレアスカートのように見えるガウチョですが、ヒール×短め丈というように、スカートとは逆の丈バランスが美脚に見せてくれます。

ヒールに合うのは短め丈
ペタンコ靴に合うのは長め丈

華奢なヒールに合うのは、肌見せ量が多い短め丈のガウチョ。脚が細く見える美脚コーデです。

重量感のあるペタンコ靴は、バランスを取るのが難しい長め丈のガウチョと好相性。

フレアスカートの場合

ボリューム感のあるフレアスカートは、チャンキーヒールに長め丈、ペタンコ靴に軽やかな短め丈でカジュアルに着こなすのが今風です。

ヒールに合うのは
長め丈

ペタンコ靴に合うのは
短め丈

ふくらはぎが隠れるロング丈は重量感があるので、華奢なものより、ヒールが太いものの方が合います。

ひざ下丈のフレアスカートに、ローカットのスニーカーを合わせるとこなれ感のあるバランスに。

ブーツの丈で
脚の悩みを解決！

お悩み① 脚が太い
お悩み② ひざ下が短い
お悩み③ O脚

脚の形をカバーするブーツで美脚に！

モデルみたいな、スラリと伸びた長い脚に憧れるけど、現実は……。女性の多くは、「太い」「短い」「O脚」など、脚に何らかのコンプレックスがあるものです。

　ブーツは脚の悩みをカバーすることができる便利な靴です。ただし、丈やデザインの微妙な違いで、逆にスタイルが悪く見えてしまう場合もあります。自分の悩みをカバーするブーツを選んで脚をキレイに見せましょう。

足が太いタイプ

ムチムチとした脚を隠すロングブーツや、太さをカバーするショートブーツがおすすめです。脚を見せる場合は、ふくらはぎを目立たせない工夫を。

GOOD

ロングブーツ

細身のロングブーツの中に脚が隠れるので、脚のラインがスッキリし、細く見えます。

GOOD

ショートブーツ

くるぶしが隠れることで、足元にふくらはぎと同じボリュームが出て、太さが目立ちません。

NG

ブーティー

脚で１番細い部分である足首が出てしまい、ふくらはぎの太さを強調してしまいます。

ひざ下が短いタイプ

背が低いと、どうしてもひざ下が短く見えてしまいがち。まとめて隠すか、できるだけ見せるかで、脚長に見せましょう。

GOOD

ブーティー

足にフィットしたデザインなので、つま先までつながって見えます。甲が見えるのも脚長効果にプラス。

GOOD

ロングブーツ

細身のロングブーツが、長さを強調します。ひざ下がスラリと見えるので、脚長に見えます。

NG

ショートブーツ

ひざ下を分断し、短さが強調されてしまいます。靴と同じ色のタイツを履いてカバーすると和らぎます。

O脚タイプ

脚を見せる部分が大きいと形が強調されてしまいます。脚の形が響かないロングブーツで隠して美脚に見せましょう。

GOOD

ロングブーツ

細身のロングブーツでO脚をまるごとカバー。Iラインができ、スラリとした美脚に見えます。

GOOD

ジョッキーブーツ

脚の形を拾わず、キレイに見せます。両サイドの飾りも、脚の形をカモフラージュするのに◎。

NG

ブーティー

脚がまるごと見えてしまいO脚が全面に出てしまうので、避ける方がベターです。

アイテム別
靴下＆タイツと靴の合わせ方

靴下＆タイツで足元おしゃれを楽しむ

秋冬は靴下やタイツで足元のおしゃれを楽しめる季節。「靴下コーデは子どもっぽい」、「タイツは黒」などの思い込みは捨てて、大人の靴下コーデやニュアンスのあるカラータイツを合わせることでおしゃれの幅は広がります。

パンプスと同系色の靴下をルーズに履く、透け感のあるタイツで女っぽく見せるなど、テクニックはいろいろ。アイテムに合わせてシューズウェアのコーデを楽しみましょう。

靴下の選び方

パンプスにソックスを組み合わせると、コーデの幅が広がります。靴下と靴のコーデのコツを覚えましょう。

カラー

靴と服に合わせる

靴下の色に迷ったら、靴と同じ色を選びましょう。スカートやパンツと同じ色を選ぶのもおすすめ。慣れてきたら、色の組み合わせを楽しんで。

[靴と同系色]

同系色の組み合わせは、失敗しない鉄板の配色

[靴と反対色]

赤×緑など、コントラストの強い配色はカジュアルな雰囲気に

[服と同系色]

服と同系色も、コーデがまとまる配色です

長さ

クールソックスをクシュッと

履くとふくらはぎの下くらいになる長さのソックスを「クールソックス」といいます。クールソックスをクシュッとルーズに履くと、こなれた雰囲気になります。

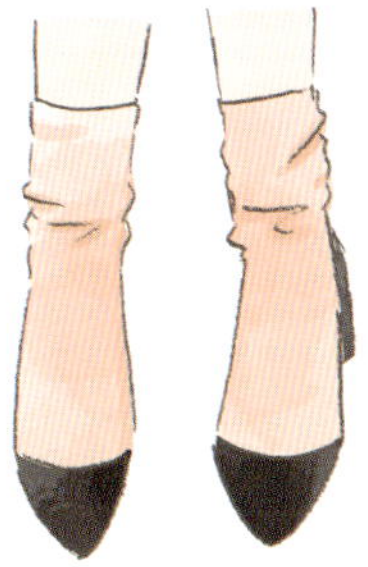

タイツの選び方

靴や服の色に合わせてタイツを選ぶと、おしゃれ度がアップ。なりたいイメージに合わせて、タイツの厚みも変えましょう。

カラー

足元を同系色でまとめ、脚長に！

冬はダーク系の服が多く、重たくなりがち。軽やかに見せるなら、定番の黒よりグレーやネイビーがおすすめ。靴か服の色と同系色にすると、まとまって見えて脚長効果も。

スカートの色に合わせると、一体感が出ます

グレーのタイツで足元を軽やかに

デニール

女性らしさなら薄手、カジュアルなら厚手

デニールは糸の太さを表す単位。普段使いは60～80デニール、女性らしく見せたい時は、ちょっぴり透ける40デニールが◎。

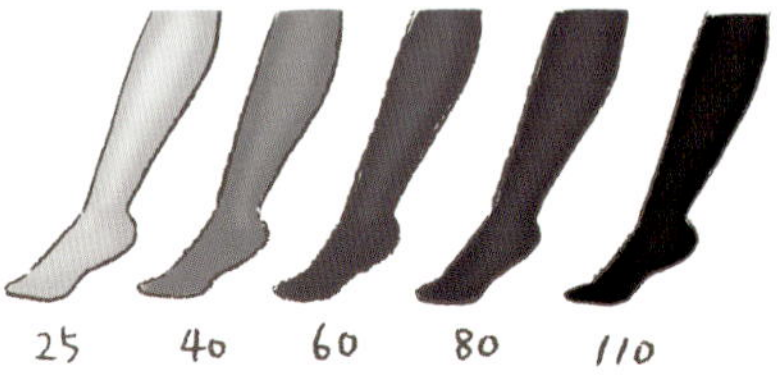

数が多いほど厚手になります

ひざ上スカート

ひざ下の肌の露出が多いので、寒々しくなく品良くまとめましょう。厚手の透けない黒タイツだと重いので、色やデニールでバランスをとって。

タイツコーデ

女っぽい靴に合わせ、透け感のある60デニール以下の黒をチョイス。ヘルシーな色気が漂います。

靴下コーデ

肌寒そうなひざ下を、ショートブーツ＋靴下でカバー。同色の靴下をちら見させると垢抜けます。

Aラインスカート

すそ広がりのAラインスカートは、着回ししやすい1枚。靴と同色のタイツで脚長に見せたり、ハイヒールに黒ソックスで大人の雰囲気に。

タイツコーデ

靴とタイツを同系色にすると、脚長に。光沢のあるマットなタイツを選ぶと、キレイに見えます。

靴下コーデ

幼く見えがちなAラインスカートを、黒×黒のコーデで大人っぽく。靴下はクシュッとさせて。

ロングスカート

脚の見える量は少なくなりますが、色選びにこだわり、おしゃれ度を上げましょう。靴下を履くとパンプスの時よりこなれて見えます。

タイツコーデ

靴下コーデ

淡い色でまとめたコーデには、濃すぎないチャコールグレーのタイツを。引き締め効果があります。

スカートが淡い色で靴が濃い色の場合は、どんな色とも合わせやすいグレーの靴下がおすすめ。

スニーカーで女っぽさを上げる

ローカット

ハイカット

スリッポン

カジュアルが苦手な人は細身スニーカーが◎

スニーカーを取り入れたコーデが定番化していますが、「カジュアルなコーデが苦手」という人も。そういう人は、つま先が丸すぎず、シルエットが細いものを選ぶと、きちんとしたコーデにも合わせやすく、ほど良いカジュアル感が出ます。

使いやすい色は白やグレー。黒のハイカットはショートブーツ感覚で使えます。スリッポンはつま先がポインテッドトウのものや、革素材を選ぶと大人のおしゃれが楽しめます。

ローカット

スニーカーコーデに挑戦するならまずは「白」。デニムとの組み合わせは鉄板だけど、意外にもワンピースと相性が良いので試してみて。

シャツワンピを合わせれば、カジュアルな可愛さ満点。 高見えするアクセやバッグで大人っぽく。

ニットワンピのフェミニンな雰囲気にカジュアルさをプラス。ヌケ感が出て、ラフなデートにぴったり。

ハイカット

ハイカットのスニーカーは、バランスが取りにくいアイテム。ショートブーツ感覚でボトムスと合わせるのが、コーデのコツです。

ボリュームのあるマキシワンピとハイカットは好バランス。トップスをタイトにすると細く見えます。

カジュアルすぎると敬遠している人は黒を。パンツも黒で統一してインすると、ブーツ感覚で履けます。

スリッポン

キャンバス地だと子どもっぽく見えるので、色や素材は大人っぽく見えるものがおすすめ。レザーを選ぶと、大人のきれいめコーデになります。

パンツスタイルと相性の良いスリッポン。モードなオール・インワンに合わせてこなれた雰囲気に。

Vネックニットとパンツのきれいめカジュアルに、スリッポンを合わせておしゃれ感をアップ。

ハイヒールで美しく歩く

美脚に見える歩き方にはコツがある

足をスラリと見せてくれるハイヒール。しかし、ハイヒールを履き慣れていないと、余計なところに重心がかかってよろよろしてしまったり、ふくらはぎや足首、足裏に疲労が溜まります。

ハイヒールを履く時は、脚に負担をかけずに歩くコツを押さえましょう。歩き方がぐんとキレイになり、美しい印象を作れます。

正しい姿勢をキープしひざを伸ばして美しく歩く

まずは、歩く前に姿勢をチェックしましょう。普段から猫背気味の人は、ハイヒールを履くことでさらに前のめりの姿勢になりがち。そうするとせっかくヒールを履いても、キレイな印象になりません。また、一見キレイに立っているように見えるそり腰も、腰を痛める原因になります。

ハイヒールを履いたら、鏡の前で猫背やそり腰になっていないかをチェックしましょう。日常でも、正しい姿勢を意識することが大切。美しく歩く前に、美しい姿勢であることを心がけましょう。

正しい姿勢を作ったら、それをキープしながら歩きます。ペタンコ靴の時はかかとから着地しますが、ハイヒールではつま先から着地すると、ひざが自然に伸びて美しく歩けます。

STEP1：正しい姿勢を保つ

キレイに歩くコツは、脚だけを使うのではなく体全体で歩くこと。美しく歩くためにも、姿勢を正すことから始めましょう。

ヒールを履いている時は、重心がくるぶしの真下にくるように。つま先に負担がかからず、長く歩いても疲れません

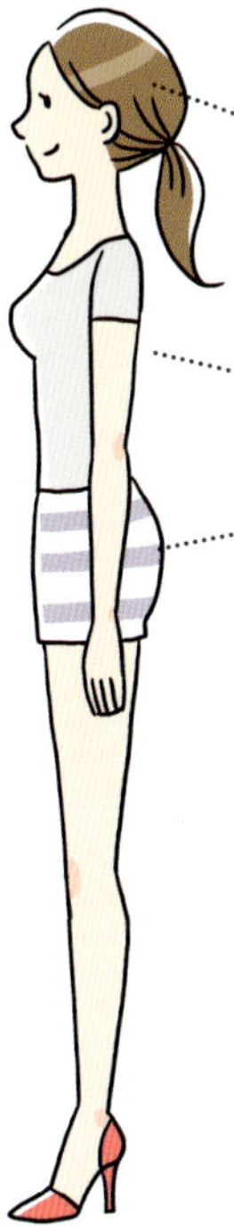

くるぶし下に重心を置く

頭と首 頭のてっぺんから糸で吊るされているようなイメージで真っ直ぐにする

胸と背中 胸を張り、肩甲骨をしめる

お尻 お尻をキュッと引き締める

猫背＆そり腰はNG

猫背は見た目が悪いだけでなく、肩こりや腰痛の原因に。つま先重心でお腹が出るそり腰は、腰に負担がかかり腰を痛めたりします。

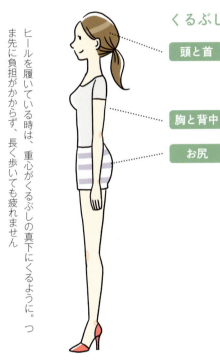

STEP2：正しい姿勢で歩く

かかとから着地するとひざが曲がりやすく、美しくないので、つま先から着地しましょう。慣れないうちは、つま先とかかとを同時におろしましょう。

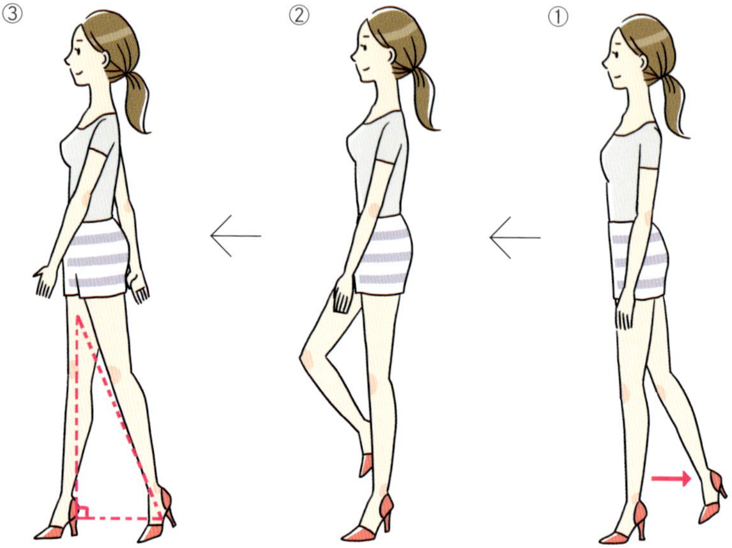

①片脚を後ろに引く

正しい姿勢（→P107）で片脚を後ろに引く。両足が揃った状態でいきなり踏み出すと、かかとから着地しやすくなるので気をつけましょう。

②脚を上げて踏み出す

後ろに引いた脚を、ペダルを漕ぐようなイメージで前に出します。

③つま先から着地し、重心を移す

つま先から着地します。直角三角形を作るイメージで、着地した脚に重心を移動させます。

第3章

靴と足のお手入れ

靴は上手に手入れをすれば、10年履くこともできます。お気に入りの靴を長く履くためのお手入れ方法をマスターしましょう。また、足のケアも美脚に欠かせない要素。靴も足もケアしていつもキレイな足元でいましょう。

CARE

私もインスタあげよ
#お気に入り
#似合う靴
とでも
しよっかな～
ん!?
なんとなく
ボロボロ…
形がくずれてるし
中敷きもめくれてる
キズも…
買って
間もないのに
…
というわけで
キレイに
したくって…
あらあら
これは…
メグさんの靴は
いつもキレイ
なんで？
買ってすぐのケアが
大事なの
●靴裏にラバーを貼る
●デリケートクリームを塗る
●撥水スプレーをかける
➡詳しくはP115
こうすると
持ちがいいわよ

必要に合わせてリペアショップでメンテするの
私もそうしよ〜
普段の履き方も大事よ
あなたそのブーツ昨日も？
お気に入りで〜
スリ
スリ
だめよ
NO!
足は思ってる以上に汗をかくのよ
カビやニオイのもとに…
むれる〜
ムレムレ
その靴ここで脱げるかしら
ム、ムリ…
ニオイが…
フンフン
靴は脱いだらホコリを払って
一日以上休ませるのよ
パッパッ
下駄箱はダメよ
ブーツキーパー
風通しのいいところへ
日陰
靴みたいに私も休みたい…
出社1日おき…
夢物語ね…

そして
長期保存の時は
箱に入れちゃ
ダメよ
え？
そうなんですか
型くずれしないよう
ブーツキーパーを
使って
IN
不織布に
入れるの
今年は
やるように！
はい！
後日
靴もケアが
大事なんだって
そうなんですね！
私もやってみます
そういえば、リサちゃんは
立ちっぱなしだけど
足むくまない？
私は夜になると
パンパン…
ゾウみたい…
それなら
いいマッサージが…
当店
秘伝の
マッサージ法

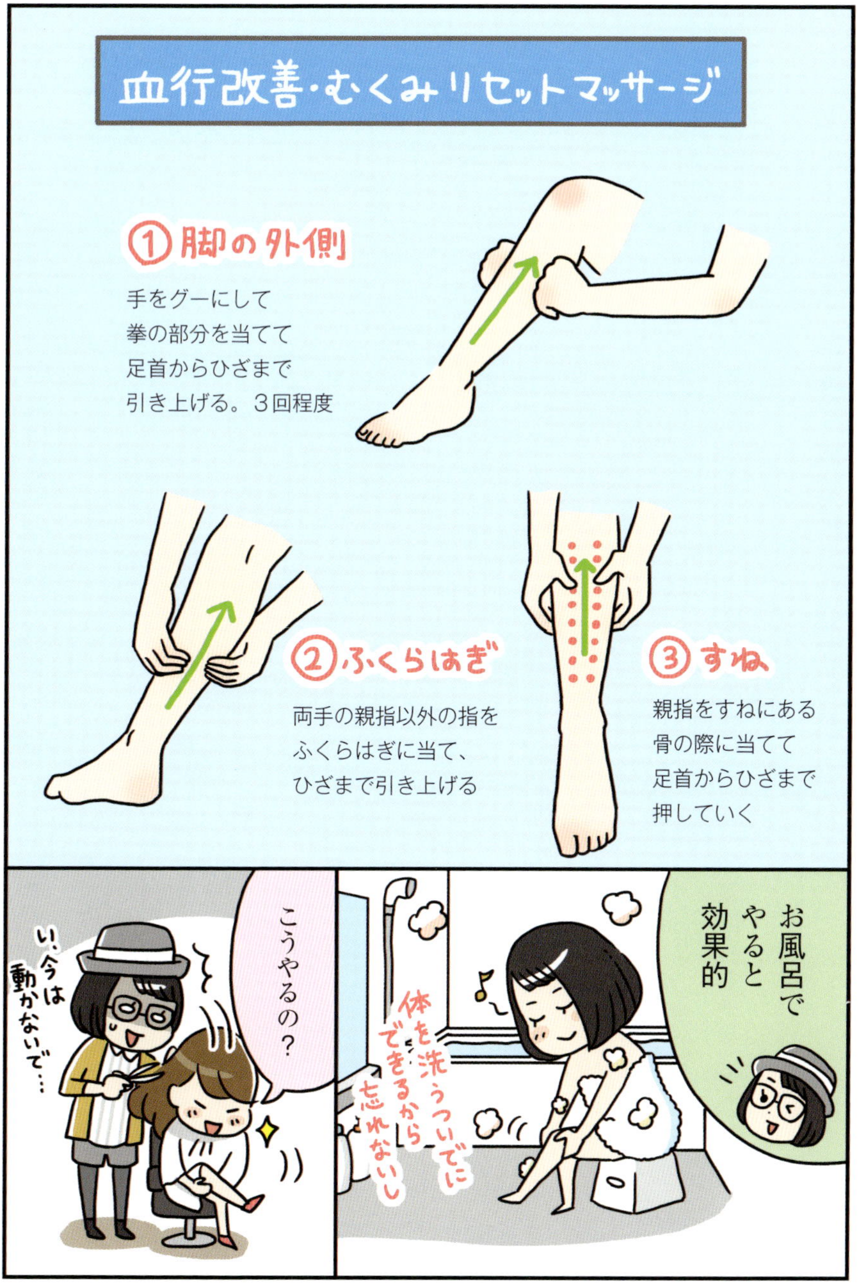
血行改善・むくみリセットマッサージ
①脚の外側
手をグーにして
拳の部分を当てて
足首からひざまで
引き上げる。３回程度
②ふくらはぎ
両手の親指以外の指を
ふくらはぎに当て、
ひざまで引き上げる
③すね
親指をすねにある
骨の際に当てて
足首からひざまで
押していく
お風呂でやると効果的
体を洗うついでにできるから忘れないし
こうやるの？
い、今は動かないで…

靴を長持ちさせる メンテナンス

少しの工夫で靴の持ちが変わる

靴は毎日の生活に欠かせないからこそ、大切にしたいものです。靴の寿命は、日々のケアで決まります。

買ったらすぐにしたいのが、撥水スプレーをかけること。雨の日の予防だけでなく、汚れもつきにくくなります。

日々の手入れは、1日履いたらブラシでホコリを払うこと。次に、形を整えて、買った時と同じ状態に戻すこと。そして、通気性のいい場所に収納することも大切です。

特に、雨などで濡れた時の手入れは重要です。布を水で濡らして固く絞り、靴の表面や内側を拭いて、水分や汚れをとります。汚れがとれたら、新聞紙を薄紙をくるんだものを詰め、湿気たら新しいものに替えて自然乾燥させます。乾いたら日常の手入れをします。

靴の湿気を取ってから収納

湿気も靴が傷む原因です。足は1日でコップ1杯の汗をかくといわれ、その汗は靴に染み込みます。ですから、1日履いたら1日以上は靴を休ませましょう。

一方で、長い間しまいっぱなしで履かずにいると、革が硬くなったりカビが生えたりします。半年に1度位は、取り出して履くことも大事です。

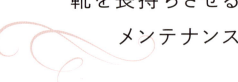

買ってすぐのメンテナンス

足元のおしゃれ上級者は、買ったらすぐにお手入れを始めているもの。履く前にひと手間かけて、靴の持ちを良くしましょう。

前底にラバーを貼る

靴底の前半分に、ハーフソールのラバーを貼りましょう。すべり止めと前底の保護ができて靴が長持ちし､足が疲れにくくなる効果も。

ハーフソールは靴の色と配色考えて色を選ぶとおしゃれ。市販のものもありますが、リペアショップで貼ってもらうのがおすすめ

デリケートクリームを塗る

買ったばかりの靴は乾燥していることが多いので、ブラシで軽くホコリを取ってから、デリケートクリームを塗って保湿します。

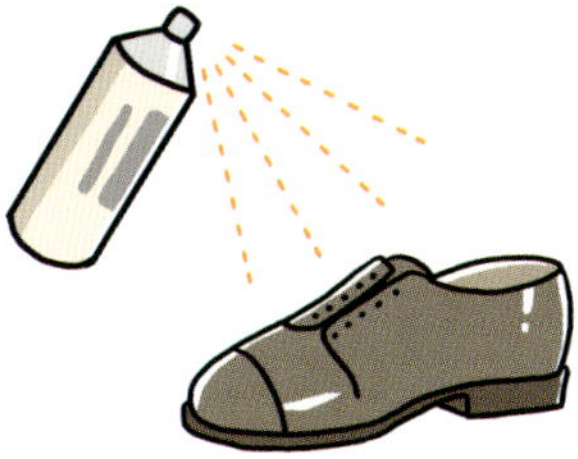

撥水スプレーをかける

水を弾き、汚れやホコリをつきにくくします。シミにならないかどうか、目立たない部分で試してから使いましょう。

20cm ~ 30cm 離して換気の良いところで円を描くようにスプレーします。

素材別
靴のお手入れ方法

手入れの基本は
汚れを落とし、栄養を与える

いつもキレイな靴を履くために、靴のお手入れは欠かせません。汚れの落とし方は、革、スエード、エナメル、布など素材によって違います。使用頻度によりますが、素材にあったケアを、月に1度を目安に行いましょう。

シューケアの道具として、以下の6つを揃えましょう。

①ブラシ（馬毛・豚毛など）
②クリーナー
③デリケートクリーム
④補色クリーム（靴の色に合わせる）
⑤撥水スプレー
⑥やわらかい布

①～⑤は専門店などで手に入ります。ブラシやクリーナー、クリームは、用途や靴の素材別に揃えましょう。⑥は家にあるものでOK。着なくなったTシャツなどを使うのもいいでしょう。

革靴（スムースレザー）のお手入れ

最も一般的な表面にツヤのある革をスムースレザーといいます。一般的な革靴のお手入れを覚えれば、お手入れ全般がマスターできます。

①クリーナーで汚れを落とす

馬毛などの柔らかなブラシでサッとホコリや汚れを落としたら、クリーナーを布に取り、全体に薄く伸ばすようにして、汚れなどを拭き取る。

①

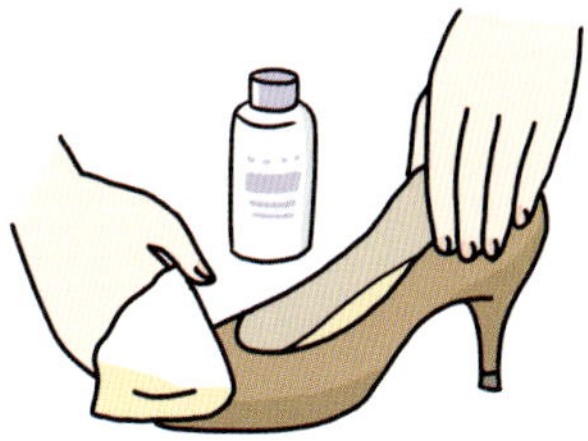

②クリームを塗る

クリーナーが乾いたら、デリケートクリームまたは補色クリームを塗る。豚毛など硬めの靴磨き用ブラシで均一に伸ばす。

②

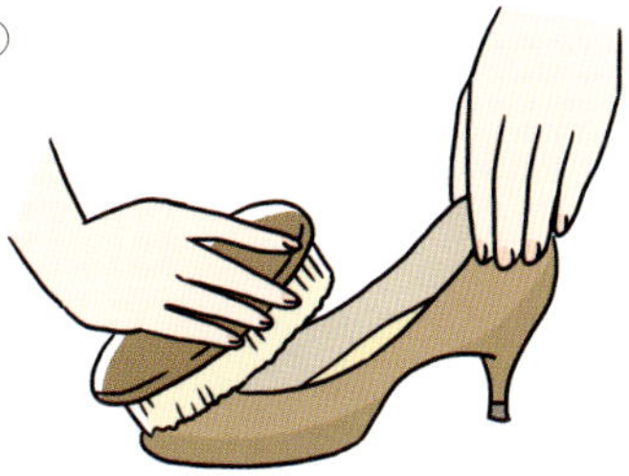

③布で磨く

新しい布を用意し、靴の表面をまんべんなく磨く。

④撥水スプレーをかける

撥水スプレーは靴から 20 ～ 30cm ほど離して円を描く方にスプレーし、乾いたら乾拭きをして仕上げます。

④

換気のいい場所で使います

スエードやヌバックのお手入れ

スエードやヌバックなどの起毛革は、履く前に撥水スプレーをしっかりかけておきましょう。

使う道具

・スエード用ブラシ
・消しゴムクリーナー

お手入れ方法

①ブラシをかける

スエード用のブラシで、ホコリを落とす。最初は毛並みに沿って、次は逆らってブラッシングする。

②クリーナーで汚れを落とす

落ちにくい汚れは、スエード専用の消しゴムクリーナーなどでこすり落とす。

全体に色あせてきたら、スエード専用のカラースプレーを使いましょう。靴よりも薄い色を選ぶと美しく仕上がります。

エナメル（パテントレザー）のお手入れ

通気性が悪いエナメルは、毎日履き続けないことも長持ちさせるコツです。

使う道具

・専用クリーム
・柔らかい布

お手入れ方法

靴のひび割れを防ぐことができます

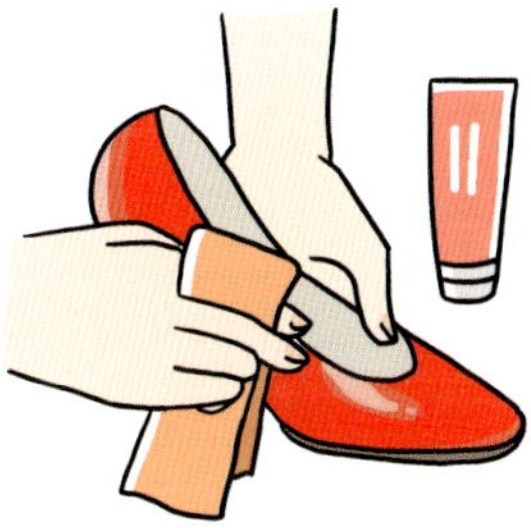

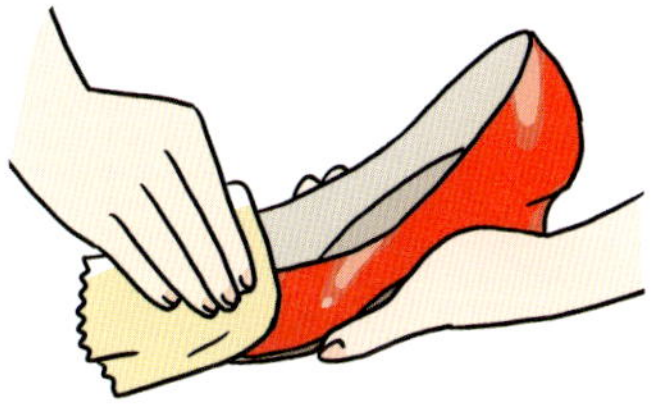

①汚れを落とし クリームで栄養補給

柔らかい布を使って、表面についたホコリや泥などを落とす。キレイになったらエナメル専用のクリームを布に取り、靴全体に塗る。

②乾いた布で磨き上げる

乾いた柔らかい布で、丁寧に磨き上げ、光沢を出します。

エナメル風の合皮や塩化ビニールの靴は、濡らした布で汚れを拭き取ればOKです。雨に濡れてしまったら、陰干ししてからお手入れしましょう。

キャンバス地スニーカーのお手入れ

運動靴であるスニーカーは、汚れたら水で丸洗いできるのがいいところ。身近な日用品でお手入れができるのも魅力です。

使う道具

・バケツ
・スニーカーシャンプー
（中性洗剤でも OK）
・ブラシ

お手入れ方法

①キャンバス地の部分を洗う

ひもをはずし、水かぬるま湯を入れたバケツで洗う。ブラシに洗剤をつけキャンバス地の汚れを落とす。

②日陰で干す

タンの部分を出して、壁や階段などに立てかけて陰干しする。水がつま先に溜まったら、こまめに捨てる。

布のスニーカーは、洗濯機でも洗えます。ひもを外して、ネットに入れて洗いましょう。コインランドリーにある靴専用の洗濯機を利用するのもおすすめ。

レザースニーカーのお手入れ

レザースニーカーは、お手入れの度に撥水スプレーをかけるとベスト。革に汚れを染み込ませなければ、キレイな状態がキープできます。

使う道具

- ブラシ
- スニーカークリーナー
- クリーム
- 柔らかい布

お手入れ方法

①汚れを落とす

ブラシで表面や隙間に入り込んだホコリや泥を丁寧に落としてから、スニーカークリーナーを靴全体に塗り、汚れを落とす。

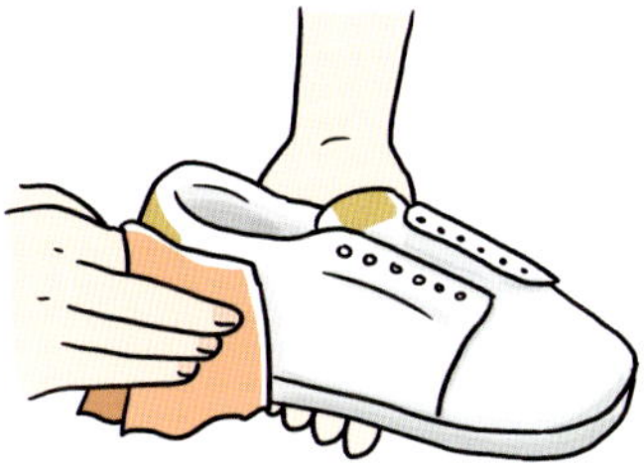

②クリームで栄養補給

柔らかい布を使ってクリームを塗り、栄養補給をする。

部分的な汚れは、消しゴムタイプのクリーナーで落としましょう。また、中敷きが外せるタイプなら、取り出して中性洗剤で水洗いします。

靴が長持ちする収納法

靴の収納は湿気に気をつける

靴は、収納の仕方でも持ちが変わってきます。キレイな状態をキープできるような収納をしましょう。

収納にあたり、まず揃えたいのは、型くずれを防ぐシューキーパーです。木製のものは湿気なども取ってくれますが、プラスチック製のものでもＯＫ。

普段あまり履かない靴は、通気性の良い不織布の保管袋で収納するのがおすすめです。靴箱を使う場合は、箱に穴を開けたり、除湿剤を入れてカビを予防しましょう。

エナメルの靴の場合、両足がくっついているとエナメル素材がはがれてしまうことがあります。また、色の濃い靴の隣に置くと、色移りをすることがあるので、不織布で片方ずつ包んで収納しましょう。

ブーツは除菌スプレーをしたら、内側を拭いて、よく乾かしてからしまいます。その際、革が傷むのを防ぐため、直射日光を避けて陰干しをしましょう。その後、ブーツキーパーなどを入れて保管します。

下駄箱はまめに換気し湿気とニオイを取る

下駄箱に靴がぎゅうぎゅうに詰まっていると、湿気がこもってニオイの原因に。入れ方を工夫し、スペースに余裕を持たせましょう。また、週末は扉を開けて風を通すなど、定期的に換気しましょう。

長期収納のポイント

靴の長期収納のポイントは、なるべく靴を密閉しないこと。ホコリを避けるための包装は最小限で OK です。

収納前に汚れを落とし、除菌スプレーする

汚れを落とし、靴用の除菌スプレーを靴や靴箱の内側に吹きかけて乾かしてからしまうことで、カビやニオイの防止に。

下駄箱に詰めすぎない

オフシーズンの靴は袋で収納するなど、効率良く収納して、下駄箱に空気が循環する余裕を造りましょう。

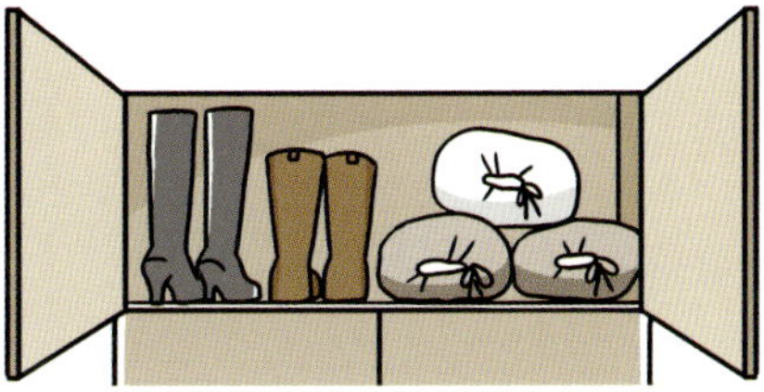

ハイヒールの段、ペタンコ靴の段など、靴の高さで棚の位置を決めます。履いた靴はすぐにしまわず、玄関に置きます

汚れやすい足をケアして足元美人に！

汗などで汚れやすい足は毎日丁寧に洗って

足は汗をかきやすく、凹凸のある形状なので、汚れが溜まりやすい場所。放っておくと、ニオイや病気の原因にもなるので、日々のケアでキレイにしましょう。

お手入れの基本はお風呂で、足を正しく洗うこと。足の裏はもちろん、指と指の間も石けんやボディソープを使ってしっかりと洗います。

爪や爪のふちなど、洗うのをつい忘れがちな部分にも、汚れが溜らないよう丁寧に。洗った後はしっかり乾かし保湿しましょう。

1~2週間おきに爪や角質をケアする

1~2週間に1度は、足の爪や足の裏、かかとなどのケアをしましょう。

深爪は病気の原因になるので、爪は指より深く切らないようにしましょう。また、かかとなどの角質ケアは、やりすぎると角質が毛羽だち、かえってガサガサになります。1度に全部削ろうとしないように、気をつけましょう。

また、足も爪も乾燥が大敵なので、ケア後はしっかりと保湿をするのが大事です。

正しい足の洗い方

靴の中は蒸れやすく、1日でコップ1杯分以上の汗をかくといわれます。お風呂で1日の汚れをしっかり落としましょう。

①指は1本ずつ丁寧に洗う

石けんを泡立て、指を1本ずつ洗います。指と爪の間はブラシなどを使って丁寧に。石けん成分が残らないよう、すすぎも念入りに。

②しっかり拭き、乾かす

洗った足をしっかり乾かすことが、清潔に保つ秘訣です。足拭きマットで拭くだけでなくタオルでもよく拭いて、指の間の水分を完全にとりましょう。

③ボディクリームで保湿する

ボディクリームなどで足全体を保湿しましょう。おすすめは保湿力が高い尿素入りクリームです。かかとや足裏、指先も丁寧に。

正しい爪の整え方

深爪は陥入爪《かんにゅうそう》などの病気の原因になるので厳禁。爪が水分で柔らかくなった入浴後に整えるのがおすすめです。

①指先が隠れる長さに爪を整える

指の先端から爪が出るくらいの長さだと、指に力が入って歩きやすくなります。切りすぎないように注意しましょう。

このくらいで
OK!

②キレイに整え、角はスクエアオフに

爪切りで切った後は、ファイル（爪ヤスリ）でなめらかに整えます。角はスクエアオフにすると、爪が食い込みにくくなります。

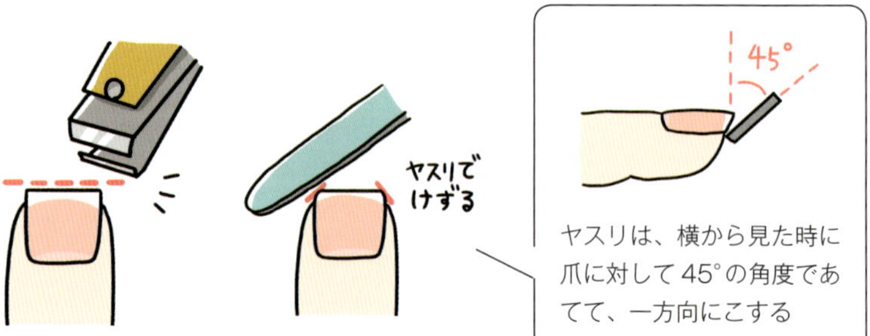

ヤスリで
けずる
45°
ヤスリは、横から見た時に
爪に対して45°の角度であ
てて、一方向にこする

お手入れは、2週間に1度を目安に行いましょう。ケアの後は、爪を保護するビタミンE配合オイルやクリームで保湿も忘れずに。

かかとの角質ケアのコツ

ミュールを履いている時や素足で座敷に上がる時など、かかとや足の裏の荒れが気になるシーンは多々あります。日々のケアで改善しましょう。

入浴中はＮＧ。お風呂上がりの乾いた足をケアします

入浴後に週１ペースでお手入れを

皮膚が程良く柔らかくなる入浴後に行いましょう。入浴中に行うと角質を削りすぎてしまい、防御反応で角質化が進むので注意。

ヤスリで一定方向にやさしく削る

ヤスリを使う時は、同じ方向に削りましょう。往復させるとガサガサになるので気をつけて。力を入れすぎず、やさしく削るのがポイントです。

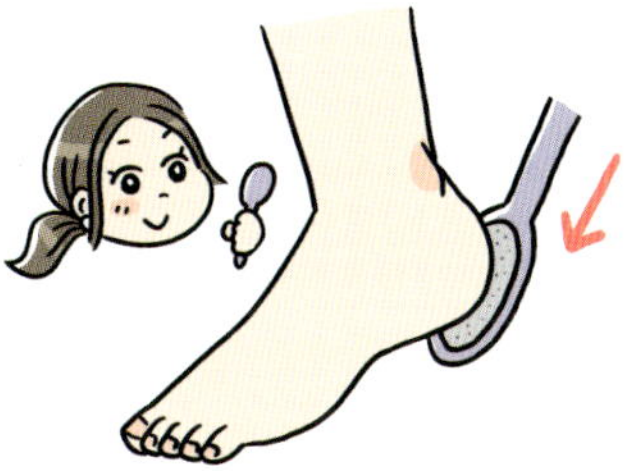

かかとが赤くならない程度に削ってね

クリームでしっかり保湿する

削った後は、保湿成分の入ったクリームを足全体に塗ります。後から靴下を履けば、より保湿効果がキープできます。

疲れ&むくみ解消！美脚を作るセルフケア

足の不調の原因は足裏とふくらはぎの衰え

忙しく日中を過ごしていると、夕方には足がだるくなったり、むくんだりする人も多いでしょう。その原因は、足裏とふくらはぎの筋肉の衰えです。

運動不足などが原因で筋肉が衰えると、血行が悪くなり、むくみを引き起こします。デスクワークで一日中座りっぱなしだったり、運動不足になりがちな人は、むくみが起こりやすいのです。

ストレッチ&マッサージで疲れを取って美脚になる

気づかないうちに衰えてしまう足裏とふくらはぎの筋肉ですが、これらは、自分でできるストレッチやマッサージで改善が可能です。

寝る前やお風呂上がりなど、こまめにケアして足のむくみや疲れを解消しましょう。セルフケアを続けることで、スラリとした美脚が手に入るなどの、うれしい効果も期待できます。

また、ケアで凝り固まった筋肉をほぐして鍛え、整えていけば、開張足（↓P135）など足のトラブルまで改善されます。

まずは左ページのセルフチェックで、足裏とふくらはぎの状態を確認してみましょう。

足の健康セルフチェック！

足裏やふくらはぎのトラブル危険度を簡単な運動でチェックします。足裏チェックは、どれか１つでも当てはまったら、要注意のサイン！

静止できない人は、足裏筋が弱まっています

足裏チェック！

- □ 10秒間つま先立ちをすると、ぐらぐらする
- □ 直立した時、ひざ同士が自然につかない

ふくらはぎチェック！

①裸足か靴下だけの状態になり、両足を平行にして立つ。

②そのままゆっくりと深く腰をおろす。この時、かかとを床から離さない。

③おろしたところで５秒間キープする。キープできたらOK。できなければ、ふくらはぎが硬くなっています。

ふくらはぎの筋肉が硬いと、転がってしまう

ふくらはぎが硬いと、足裏のかかとの炎症の原因にもなります。

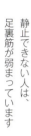

座ってできる足指＆足首まわし

足には全身のツボがあるといわれます。手軽に疲れを軽減したり、血行を改善できるマッサージを覚えておきましょう。

足指まわし

①足指を手で広げてほぐす。
②足指を1本ずつまわす。

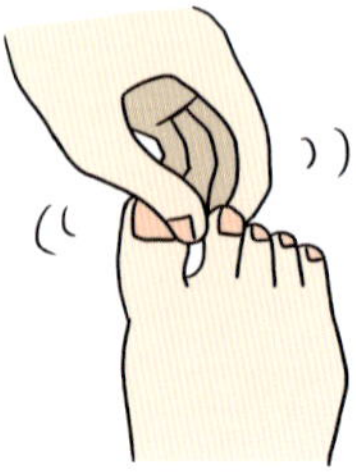

手の親指と人差し指で、足指を1本ずつこすってもいい

足首まわし

①左の手を右足の指の間に入れて組み、右手は右足首をつかんで、足首を前後に5回動かす。
②足首を大きく5回まわす。
③足を変えて反対側も行う。

①

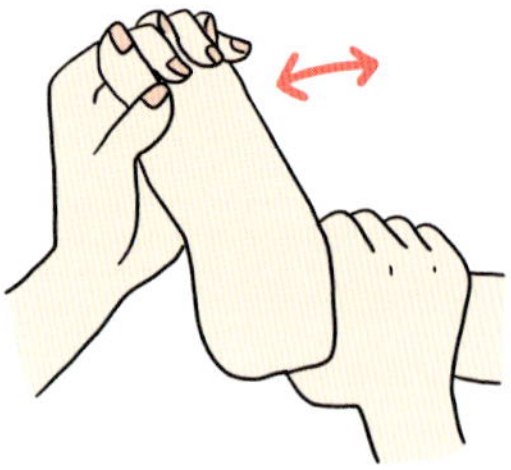

②

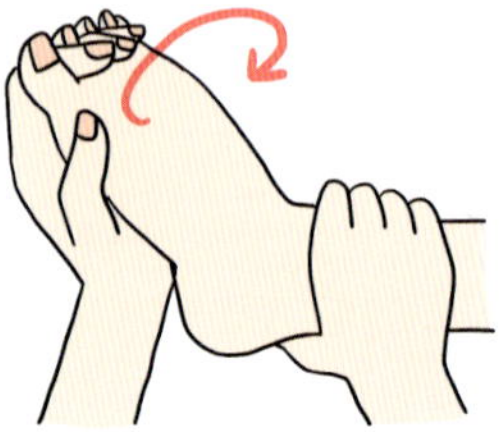

座ってテレビを見たり、音楽を聴いたりしてもOKです。入浴後などにマッサージするのを習慣にして、日々の足の疲れをリセットしましょう。

おやすみ前の美脚ストレッチ

足のむくみを放っておくと、リンパの流れが悪化し、さらにむくみやすくなります。おやすみ前のストレッチでむくみを解消すれば、翌朝にはスッキリ足に。

①両足を広げて仰向けに寝転び、足を床に対して垂直に上げる。足裏は天井に向けて揃え、左右の親指のつけ根をつける。

②足首を伸ばすように、つま先を天井に向け、戻す。これを５回繰り返す。

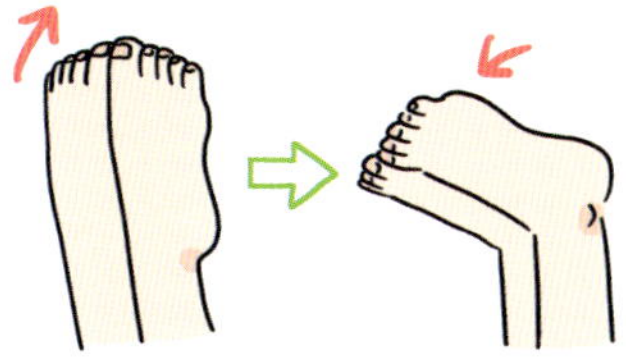

ひざを動かさないように注意する

③両足のかかとをつけて、つま先を開き、足裏を天井に向ける。

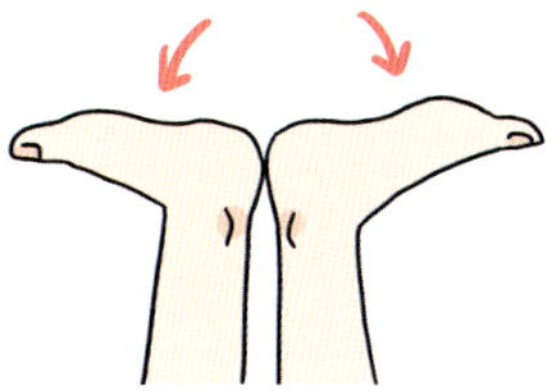

④つま先を天井に向けて伸ばす。足の裏を合わせ、元に戻す。③～④を５回繰り返す。

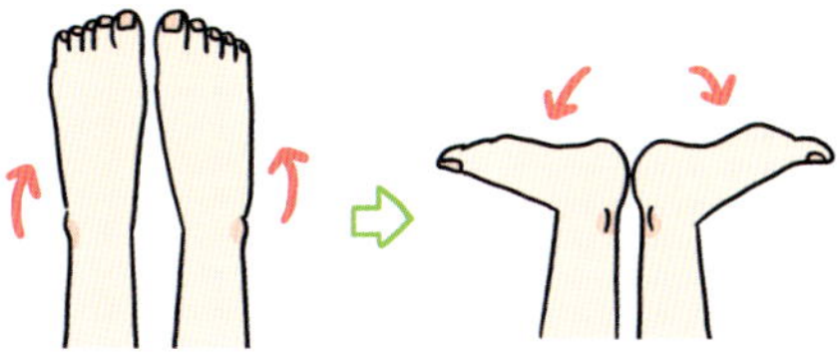

アーチの崩れで起こる
足のトラブルに注意

3つのアーチが体を支えている

足は私たちの体重を支え、歩いたり走ったりした時の衝撃を受け止めてくれる大事な場所。狭い面積でこれらを受け止め、負担を吸収するためにあるのが、足裏のアーチです。

アーチとは、骨が弓形に並んだ部分のこと。足裏には、横アーチ、内側の縦アーチ、外側の縦アーチの3つのアーチがあります。いわゆる「土踏まず」と呼ばれているのは、内側の縦アーチのことです。

アーチが崩れると足トラブルになりやすい

長時間の立ち仕事や足の一部に体重がかかり続ける姿勢、偏った歩き方などでアーチが崩れると、開張足《かいちょうそく》（↓P135）やタコ・ウオノメ（↓P135）などのトラブルを引き起こします。

また、アーチを支える構図になっていない靴を履いているとアーチがゆるみやすく足トラブルにつながる恐れも。

足トラブルが起こると姿勢も歩き方も悪くなり、むくみや冷えなどの症状にもつながります。

ひどくなる前に、早めに対処をしましょう。また、日頃から足のケアを行い、予防することも大切です。

アーチの崩れはトラブルの原因

足裏の３つのアーチは、歩く時などにクッションの役割を果たします。崩れると、さまざまな足トラブルを引き起こします。

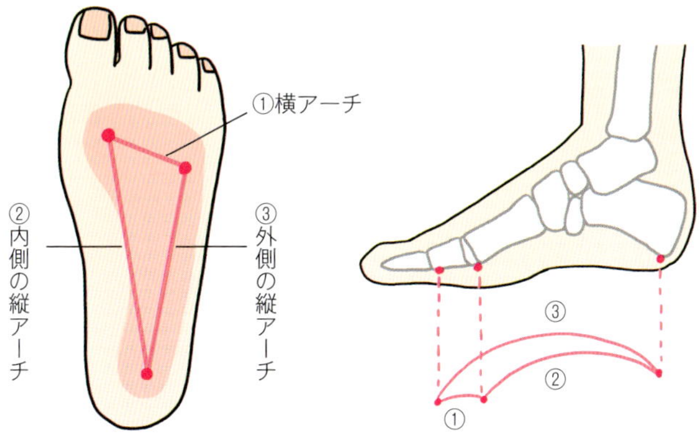

３つのアーチがバネの役割を果たし、立つ・歩く・走るなどの体の動きをサポートします

アーチがくずれると……

● 足のトラブル

外反母趾、内反小趾《ないはんしょうし》、開張足《かいちょうそく》、ハンマートウなど

● 皮膚のトラブル

タコ、ウオノメ、角質肥厚《かくしつひこう》など

● 爪のトラブル

陥入爪《かんにゅうそう》、巻き爪（弯曲爪《わんきょくそう》）、爪の肥厚など

↓ 痛みで姿勢や歩行に悪影響がでる

むくみ、冷え、O脚、X脚など

外反母趾・内反小趾

親指のつけ根の骨が外側に向かって変形するのが外反母趾、小指のつけ根の骨が外側に向かって変形するのが内反小趾です。

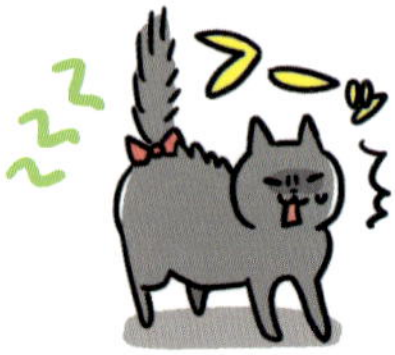

遺伝や履いている靴、仕事スタイル、生活習慣、年齢などの要因が合わさって発症します

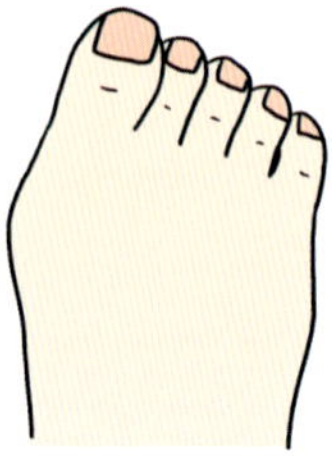

外反母趾

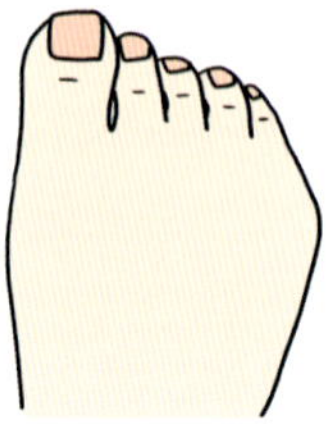

内反小趾

対処・ケア

テーピング矯正の場合は、改善まで３ヵ月～１年ほどかかります。インソールや靴などでケアする方法もあります。重度なら手術で解決を。問題部分を切って正常な位置に戻し、溶ける素材のネジで固定します。

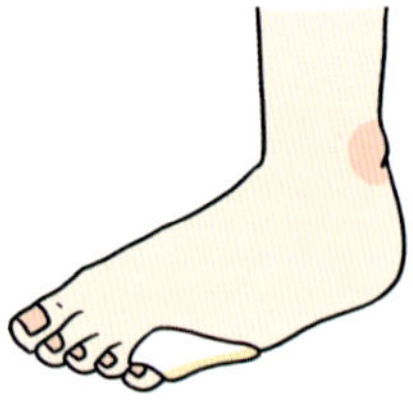

パッドやテーピングで骨のゆがみを矯正する方法も

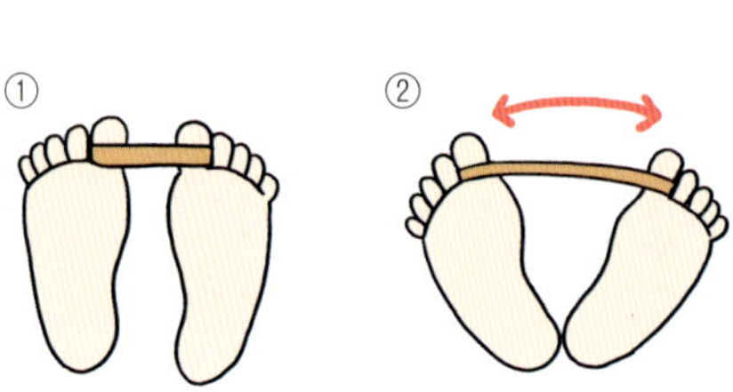

外反母趾の予防

①輪ゴムを親指にひっかける。
②かかとをつけたまま、輪ゴムが外れないように３秒開く、閉じるを 10 回繰り返す。

開張足

足裏の筋力が衰えて横アーチが崩れ、前足部が広がった状態。体重がかかる部分にタコやウオノメができやすく、外反母趾や内反小趾の引き金にも。

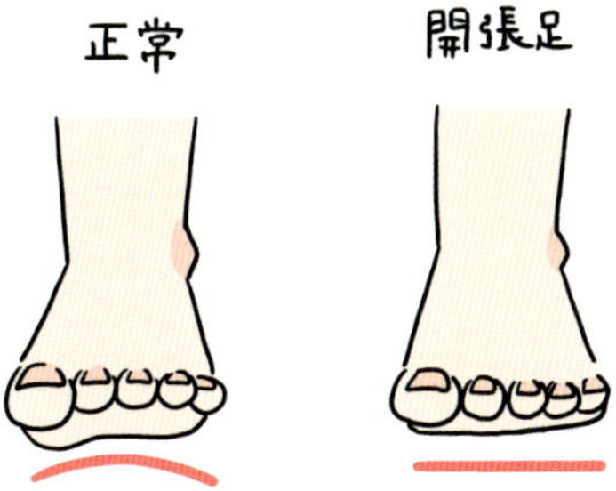

対処・ケア

テーピングやインソールで改善します。オーダーメイドのインソールは保険適用になる場合もあります。

予防

足の指で、グーチョキパーを20回繰り返し、足裏の筋力を鍛えます。

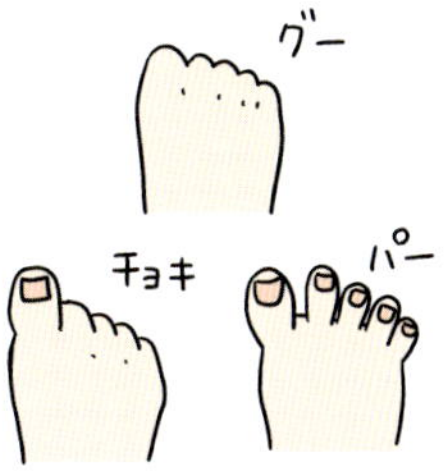

ハンマートウ

足指の骨が変形してしまった状態。合わない靴を履くことで、歩く時に必要以上に足指で地面で踏んばろうとするクセがつき、くの字に曲がるのが原因。

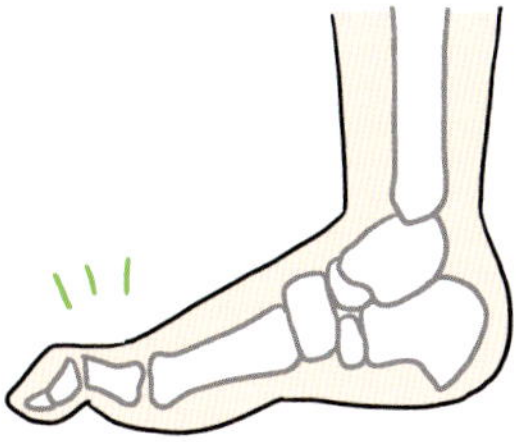

対処・ケア

適正なインソールや靴を使って、ゆがみや悪化を防ぎます。痛みや変形がひどい場合は、関節をまっすぐにして溶けるネジで固定する手術も。

予防

足の指を広げ、固まらないようにする。

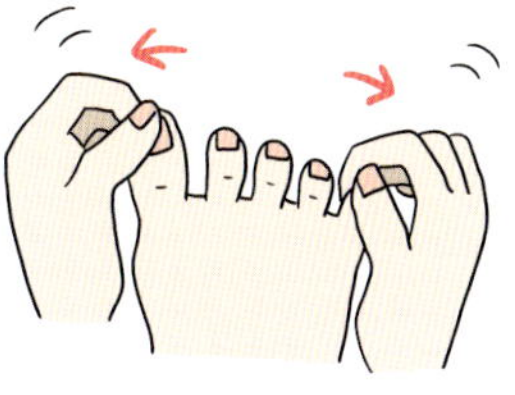

タコ・ウオノメ

局所的な加重や摩擦で、皮膚の一部が硬くなるのがタコやウオノメ。タコは痛みがありませんが、ウオノメはとがった角質が芯になって神経を刺激するので痛みます。

タコができやすい場所

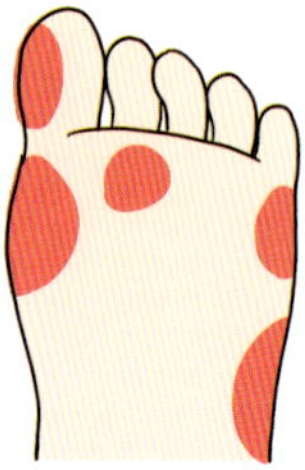

多くは、足の裏で親指や小指のつけ根など、骨の上にできます

ウオノメができやすい場所

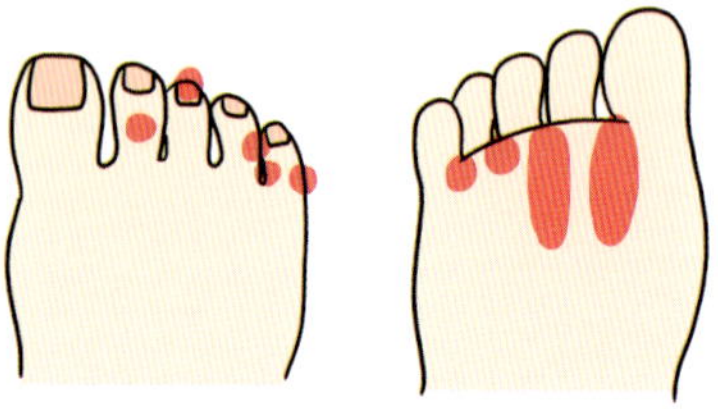

「骨と骨の間」や関節のくぼみなどにできます

対処・ケア

軽度なら、足に合った靴を履くことで摩擦がなくなり改善します。ウオノメは芯を抜く必要があるので、サリチル酸の膏薬を貼って、芯ごととるのがベスト。場合によっては切除が必要なケースも。

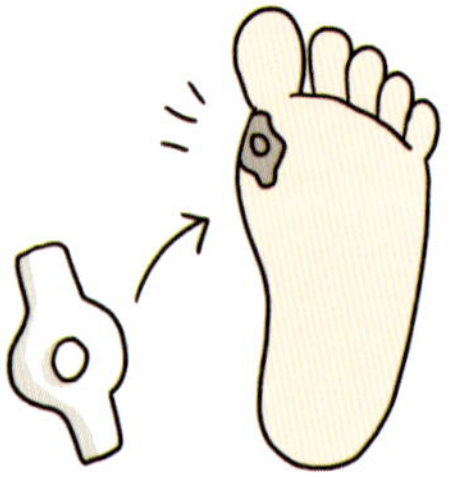

市販のケア商品にも、痛みをカバーしながらサルチル酸で皮膚を柔らかくし、除去するものがあります

予防

足に合った靴を履くことで、摩擦が原因のタコ・ウオノメを予防できます。

陥入爪・巻き爪（彎曲爪）

爪が圧力されたり足指の変形が原因で、爪が周囲の皮膚に食い込んだり、巻き込むように湾曲した状態。炎症や痛みを伴うことも。

正常
陥入爪
巻き爪

対処・ケア

医療機関では、ワイヤーなどを使って矯正する治療が受けられます。

予防

深爪しないように爪を整えることで予防できます（→ P126）。

水虫

水虫は白癬《はくせん》菌が原因で起こる皮膚病。水虫と間違えやすい皮膚病もあるので、自己判断は禁物です。

水虫の種類

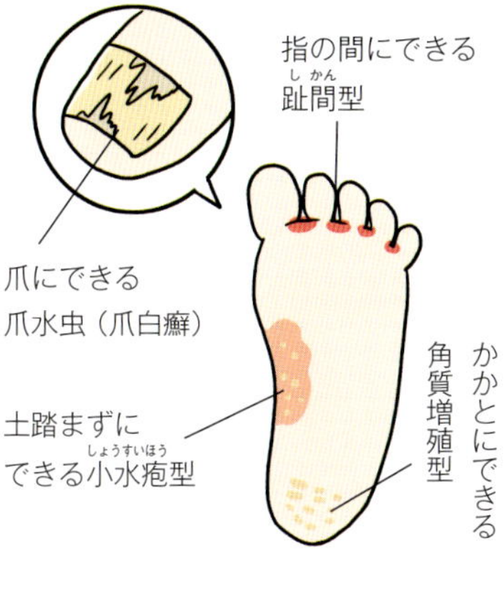
指の間にできる
趾間《しかん》型
爪にできる
爪水虫（爪白癬）
土踏まずに
できる小水疱《しょうすいほう》型
かかとにできる
角質増殖型

対処・ケア

水虫には塗り薬も市販されています。爪水虫は、圧迫による爪の肥厚との違いがわかりづらいので、顕微鏡検査での診断が必要です。

予防

蒸れやすいブーツはしっかり乾かしてから履く。

モワッ

こんにちは〜
新しい靴買いたいんですけど…
あれ？靴がない
からっ
実はドイツに留学することになって…
え？ドイツ？
靴の本場でより腕を磨こうと思って
じゃあこのお店は？
しばらくお休みね
そんな…
しゅん…
でも戻ってきたらまた再開するから
楽しみにしてます！
にゃ〜ん
すりっ
よければボリスを預かってもらえないかしら？
はい

空港
メグさんのおかげで靴が選べるようになりました
私がいなくても大丈夫ね
ボリスいい子にしてるのよ
は〜い
あの飛行機かな〜
行っちゃったね〜
メグさんに出会って人生変わったよね〜
レナは人気インスタグラマーだし
426
#似合う靴
#ママコーデ
涼子は走る営業レディとして
そして本当に走ってる…
トップを走ってる
行ってきま〜す
ドドド

リサちゃんは、美容師さん向けの靴をプロデュース
美容師 & シューデザイナー
LISA プロデュース
おしゃれで疲れにくい!!
変わらないのは私だけ…
トボトボ…
帰り道
あっボリス待ちなさいっ
タタッ
あっ
つるっ
キャー
ドターン
大丈夫ですか？
な、なんとか…
この靴…あなたのですか？
ドキッ
お、王子様!?

す、すみません
猫を見ません
でしたか？
猫？
この子ですか？
ボリス！
あの…
つかぬことを
お聞きしますが
足が痛いんじゃないでしょうか？
えっ
どうしてわかるんですか？
この靴を履くと、いつもこうで…
たぶんつま先と
靴の形が
合ってないんです
へぇー
そうなんだ
よろしければ
詳しく教えて
ください
ぜひっ
ふふ
こずえの人生も
変わるわね
ボリス
グッジョブ～

[監修] 佐々木 恵（ささき めぐみ）

FHA 公認上級シューフィッター
シューフィッター養成講座プライマリーコース 実技指導員
（株）大丸松坂屋百貨店 勤務

婦人靴販売員を経て大丸東京店婦人靴バイヤーを経験し、2011 年に、上級シューフィッターの資格を取得。
買う買わないにかかわらず、「相談してよかった」と満足できるアドバイスが受けられると評判のシューフィッター。

現在は、首都圏お得意様営業部に所属し、売り場やご自宅訪問で、お客様の靴の悩み解決や靴選びのアドバイザーとして活躍するほか、一般社団法人 足と靴と健康協議会（FHA）のシューフィッター養成講座プライマリーコース 実技指導員として、靴合わせの専門家であるシューフィッターの養成にも携わっている。

[参考文献]

カワイイ！でも…痛くない 失敗しない靴えらび（日経事業出版）／足のトラブルは靴で治そう（中央法規）／足もとのおしゃれとケア（技術評論社）／その靴、痛くないですか？ あなたにぴったりな靴の見つけ方（飛鳥新社）／靴のお手入れ新常識（NHK 出版）他

監修　佐々木恵
イラスト　あきばさやか
文　倉畑桐子
本文デザイン　渡辺靖子（リベラル社）
編集　鈴木ひろみ（リベラル社）
編集人　伊藤光恵（リベラル社）
営業　三田智朗（リベラル社）

編集部　廣江和也・堀友香
営業部　津田滋春・廣田修・青木ちはる・中村圭佑・三宅純平・栗田宏輔・高橋梨夏

似合う靴の法則でもっと美人になっちゃった！

2017年1月21日　初版

編　集　リベラル社
発行者　隅田　直樹
発行所　株式会社 リベラル社
〒460-0008　名古屋市中区栄3-7-9　新鏡栄ビル8F
TEL 052-261-9101　FAX 052-261-9134　http://liberalsya.com
発　売　株式会社 星雲社
〒112-0005 東京都文京区水道1-3-30
TEL 03-3868-3275
印刷・製本　株式会社 チューエツ

ISBN978-4-434-22943-5

似合う服の法則でずるいくらい美人になっちゃった！

監修：榊原恵理、衣笠たまき（ビューティリア）

イラスト：あきばさやか

（A5判／144ページ／1,100円＋税）

人気パーソナルスタイリストのおしゃれのテクニックを、コミックとイラストでわかりやすく紹介！ おしゃれが苦手な人も簡単な自己診断で似合う服がわかります。買い物に便利な「似合う色パレット」付き！

足長の測定シート

キリトリ線に従ってカットし、本書のP27～28を参考にして測ります。
正しく測るために、必ず誰かに手伝ってもらいましょう。

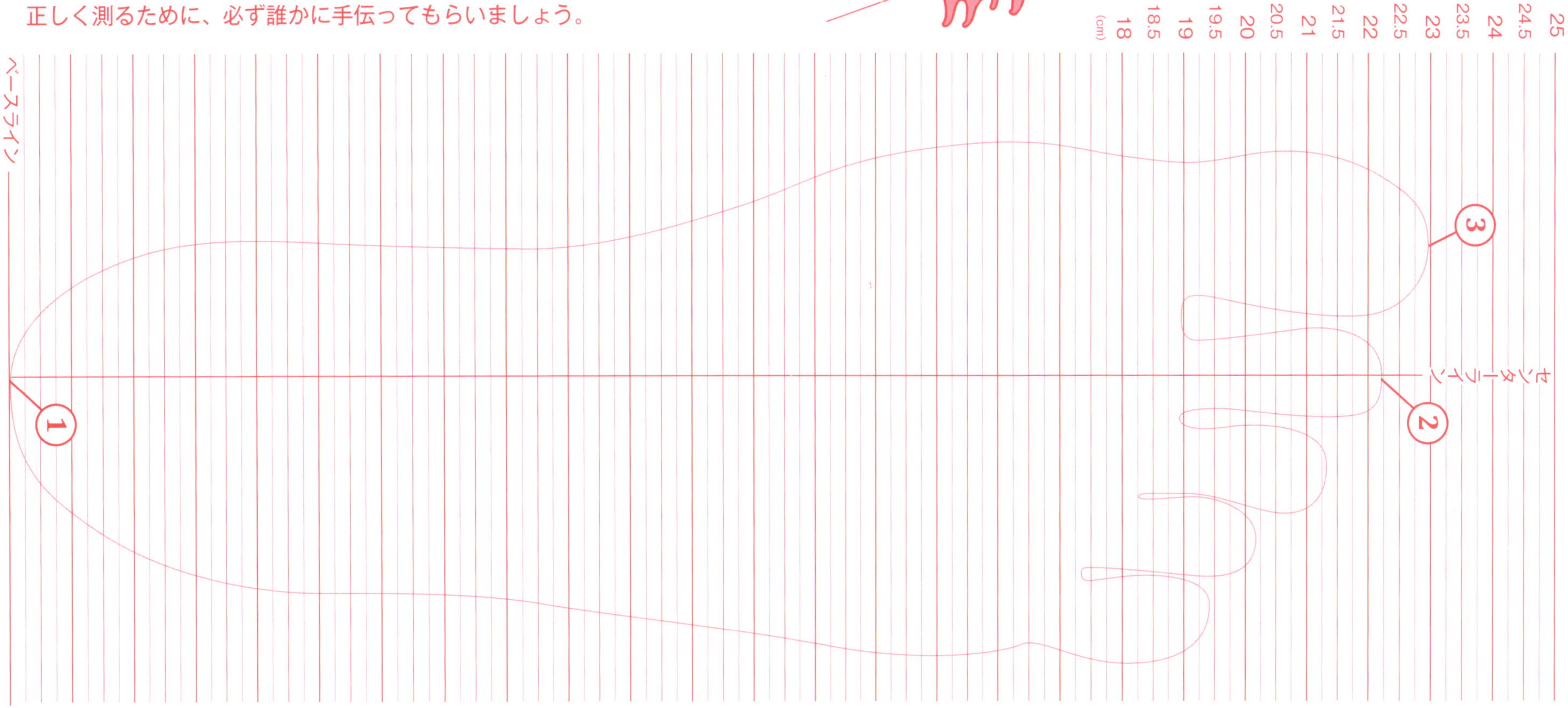

測定日　/

足長	右　cm	足囲	右　cm
	左　cm		左　cm

測定日　/

足長	右　cm	足囲	右　cm
	左　cm		左　cm

足長の測定方法

① かかとの中心を、ベースラインとセンターラインに合わせる。

② 人差し指をセンターラインに合わせる。

③ 足指の一番長いところに印をつける。印をつけたメモリが足長です。

足囲の測定メジャー

キリトリ線で切って、足囲を測るのにお使いください。

キリトリ

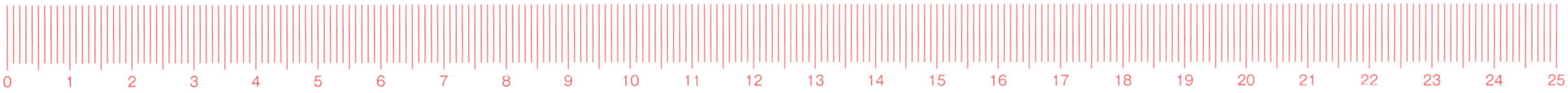

キリトリ